Qt Quick スターターブック

Qt5.10 対応

折戸 孝行 [著]

本書内容に関するお問い合わせについて

　このたびは翔泳社の書籍をお買い上げいただき、誠にありがとうございます。弊社では、読者の皆様からのお問い合わせに適切に対応させていただくため、以下のガイドラインへのご協力をお願い致しております。下記項目をお読みいただき、手順に従ってお問い合わせください。

●ご質問される前に

　弊社Webサイトの「正誤表」をご参照ください。これまでに判明した正誤や追加情報を掲載しています。

　　正誤表　http://www.shoeisha.co.jp/book/errata/

●ご質問方法

　弊社Webサイトの「刊行物Q&A」をご利用ください。

　　刊行物Q&A　http://www.shoeisha.co.jp/book/qa/

　インターネットをご利用でない場合は、FAXまたは郵便にて、下記"翔泳社 愛読者サービスセンター"までお問い合わせください。
　電話でのご質問は、お受けしておりません。

●回答について

　回答は、ご質問いただいた手段によってご返事申し上げます。ご質問の内容によっては、回答に数日ないしはそれ以上の期間を要する場合があります。

●ご質問に際してのご注意

　本書の対象を越えるもの、記述個所を特定されないもの、また読者固有の環境に起因するご質問等にはお答えできませんので、予めご了承ください。

●郵便物送付先およびFAX番号

　　送付先住所　〒160-0006　東京都新宿区舟町5
　　FAX番号　　03-5362-3818
　　宛先　　　　（株）翔泳社 愛読者サービスセンター

※本書に記載されたURL等は予告なく変更される場合があります。
※本書の出版にあたっては正確な記述につとめましたが、著者や出版社などのいずれも、本書の内容に対してなんらかの保証をするものではなく、内容やサンプルに基づくいかなる運用結果に関してもいっさいの責任を負いません。
※本書に掲載されているサンプルプログラムやスクリプト、および実行結果を記した画面イメージなどは、特定の設定に基づいた環境にて再現される一例です。

※本書に記載されている会社名、製品名はそれぞれ各社の商標および登録商標です。

はじめに

　本書は、2013 年にアスキー・メディアワークス社より出版した『Qt Quick ではじめるクロスプラットフォーム UI プログラミング』の続編のようなものである。旧作には書けなかった内容や Qt 自体のバージョンアップで新たに追加された機能や状況が変化したことを中心に解説する。特に Qt 5.0.x ではまだ提供されていなかった Qt Quick Controls についての足がかりになればと思っている。Qt Quick Controls が正式に採用されて、いわゆるデスクトップアプリケーションの作成が非常に効率的になった。他には環境構築や配布パッケージの作成についても変化があったため解説している。

　旧作から追加された機能や変化したことを中心に解説している関係で、Qt Quick としての基本的な部分については理解している前提で解説している。もし基礎に不安がある場合は旧作をご購入いただけると非常に嬉しい。

　色々と建前的なこともあるが、とにかく読者の皆様に Qt Quick についてより知ってもらい楽しんでもらいたい。本書が皆様の素晴らしいアプリケーションを創り出す助けになれば幸いである。

謝辞

　執筆にあたりレビューや調査などで協力をしてくれた @task_jp 氏ならびに @hermit4 氏に感謝の意を表する。普段からもお世話になっているため足を向けて寝られない。

サンプルコード

　サンプルコードは GitHub よりダウンロードできる。本書を読むにあたってぜひ活用してほしい。

　　サンプルコード：https://github.com/ioriayane/qtquick_starter_book

電子書籍向け注意事項

　本書では「¥」の文字を表現上の都合で「Unicode ：0x00A5」として記載しており、コマンドもしくはソースコードをそのままコピー＆ペーストして使用すると正常に動作しない可能性が高い。その際は直接入力して対応してほしい。

目次

はじめに		3
第1章	**Qt Quickとは**	**7**
1.1	特徴	8
1.2	QtとQt Quickの違い	8
1.3	Qtの開発環境	9
第2章	**開発環境の作成**	**11**
2.1	Qtのバージョンと動作確認環境	12
2.2	セットアップ	12
	2.2.1 WindowsでデスクトップとUWP向け	14
	2.2.2 WindowsでAndroid向け	16
	2.2.3 Linuxでデスクトップ向け	18
	2.2.4 LinuxでAndroid向け	18
	2.2.5 macOSでデスクトップ向け	20
	2.2.6 macOSでiOS向け	20
	2.2.7 macOSでAndroid向け	21
2.3	環境設定の確認	22
第3章	**Hello Worldで準備運動**	**25**
3.1	プロジェクトの作成	26
	3.1.1 テンプレートの選択	26
	3.1.2 プロジェクトパス	27
	3.1.3 ビルドシステムの定義	27
	3.1.4 プロジェクトの詳細定義	28
	3.1.5 キットの選択	29
	3.1.6 プロジェクト管理	29
3.2	プロジェクトのファイル構成	30
3.3	初期ファイルのポイント	33
	3.3.1 メインファイル（main.qml）	33
	3.3.2 ロジックとデザイン（Page1Form.ui.qml／Page2Form.ui.qml）	36
3.4	各プラットフォームでの実行結果	38
	3.4.1 デスクトップ系の実行結果	38
	3.4.2 モバイル系の実行結果	39
3.5	コマンドラインでのビルド	40
	3.5.1 qmakeについて	41
	3.5.2 Windowsでデスクトップ向け	42
	3.5.3 WindowsでUWP向け	42
	3.5.4 WindowsでAndroid向け	43

3.5.5	Linuxでデスクトップ向け	44
3.5.6	LinuxでAndroid向け	45
3.5.7	macOSでデスクトップ向け	46
3.5.8	macOSでiOS向け（シミュレータ）	46
3.5.9	macOSでAndroid向け	47
3.6	**UWPアプリケーションの注意事項**	**48**

第4章　Qt Quick Controls 2 　51

4.1	**どのようなものがあるか**	**52**
4.2	**ボタン**	**53**
4.2.1	通常のボタン	55
4.2.2	アイコン付きのボタン	55
4.2.3	トグルボタン	56
4.2.4	ディレイボタン	56
4.2.5	角丸ボタン	56
4.3	**ラジオボタン**	**57**
4.3.1	グループボックスのタイトル	58
4.3.2	ラジオボタンの概要	58
4.3.3	現在の選択項目の取得	59
4.4	**メニュー**	**59**
4.4.1	メニューの表示位置	62
4.4.2	メニューの組み立て	63
4.4.3	ショートカットキーの設定	63
4.4.4	アイコンの表示	65
4.4.5	コンテキストメニューの表示	65
4.4.6	メニューの動的な追加	66
4.5	**スタイル**	**67**
4.5.1	スタイルのカスタマイズ可能部位の名称	69
4.5.2	スタイルの変更方法	73
4.6	**子ウインドウ**	**83**
4.6.1	メインウインドウ	84
4.6.2	子ウインドウ	85
4.7	**ダイアログ**	**87**
4.7.1	モジュールのインポートとエレメントの使用方法	89
4.7.2	ウインドウを閉じるときのシグナルから確認ダイアログ	89
4.7.3	確認ダイアログのボタン	89
4.7.4	アプリケーションの終了	90
4.7.5	Qt.labs.platformを使用するための修正	90
4.8	**Qt Quick Controlsとの共存**	**91**

第5章	Qt Quickアラカルト	93
5.1	レイアウト	94
	5.1.1 少し複雑なレイアウト	94
	5.1.2 推奨サイズのレイアウトへの影響	101
5.2	他アプリケーションとのドラッグ＆ドロップ	102
	5.2.1 画像一覧のレイアウト	105
	5.2.2 一覧表示からのドラッグ時に移動させない	106
	5.2.3 他のアプリケーションへのドラッグ＆ドロップするための設定	106
	5.2.4 ドラッグ状態の検出	106
	5.2.5 ドロップの受付	107
	5.2.6 Windowsでの挙動について	108
5.3	Qt Quickデザイナーでデザイン	108
	5.3.1 画面構成	112
	5.3.2 プロパティの設定	113
	5.3.3 プロパティの追加	114
	5.3.4 プロパティバインディングの設定	115
	5.3.5 状態管理	116
	5.3.6 ロジック側との連携（双方向）	120
	5.3.7 拡張エレメントの追加と扱い	122
	5.3.8 エレメントの仮のサイズ	125
	5.3.9 画像ファイル（リソース）の扱い	126
	5.3.10 レイアウト	126

第6章	配布パッケージの作成	129
6.1	Windowsでは	130
	6.1.1 Windows7に配布するには	133
6.2	Linuxでは	133
6.3	macOSでは	133
6.4	Androidでは	134
	6.4.1 Android APKビルド設定	136
	6.4.2 キーストア（証明書）の作成方法	137
	6.4.3 AndroidManifest.xmlの作成方法	138

第7章	エレメント一覧	141
7.1	Qt Quick Controls 1と2のエレメント	142
	7.1.1 ウインドウ関連	142
	7.1.2 コントロール関連	143
	7.1.3 ナビゲーションとビュー関連	144
	7.1.4 カレンダー関連	144
	7.1.5 ダイアログ関連	145
7.2	レイアウトのエレメント一覧	145

第 **1** 章

Qt Quickとは

はじめにQt Quickについて簡単に触れておく。Qtの長い
歴史の中ではQt Quickは比較的新しい分野であるため、
概要から従来の開発手法との違いについて解説する。

1.1 特徴

Qtはクロスプラットフォームのアプリケーション開発フレームワークだ。1つのソースコードから複数のOSで動くアプリケーションを作成できる。しかも、用意されているライブラリが非常に豊富かつ強力であり、低コストでアプリケーションを開発できる。

対応プラットフォームはデスクトップだけでなくスマートフォンやタブレットをはじめ、様々な組み込み機器まで広がっている。

1.2　QtとQt Quickの違い

QtとQt Quickはどう違うのか？　という質問を受けることがある。おそらく厳密な定義とは関係なく、従来のC++を使用した開発手法をQtと呼んでのことと思う。

Qt QuickはあくまでもQtの一部であるため、違いというものはない。しかし、従来のC++を使用した開発手法（Qt Widgetと呼ぶ）とQt Quickの関係は図1.1のようになる。一部で関係（依存）している部分もあるが、基本的には別物になる。利用する立場からの目線でも、Qt QuickがQML（Qt Meta-Object Language）とJavaScriptを使用することで、使い勝手がまったく変わっている。

しかし、UIの作りやすさやライブラリの使いやすさなどアプリケーションを簡単に作れるようにという部分は引き継がれ、強力な仕上がりになっている。Qt Quick自体はC++のライブラリを使用して作られており、QMLから従来の豊富なライブラリを使用することもできる。

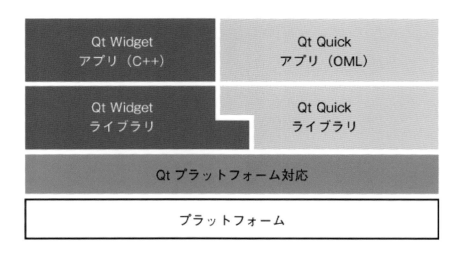

● 図1.1　Qt WidgetとQt Quickの関係（UI部分のイメージ）

1.3 Qtの開発環境

　Qt では Qt Creator という統合開発環境が用意されており、効率的な開発ができるようになっている。

　Qt Creator は、公式サイトでダウンロードできる Qt のパッケージに含まれており、容易に導入できる。また、Qt Creator 以外にも、Windows であれば Visual Studio にアドインを導入して開発することもできるし、コマンドラインからのビルドも可能なためエディタを自由に選ぶこともできる。

第**2**章

開発環境の作成

Windows ・ Linux ・ macOS における開発環境の構築について、ネイティブアプリケーションだけでなくスマートフォン向けのクロスプラットフォーム開発も含めてポイントを解説する。

第2章　開発環境の作成

2.1　Qtのバージョンと動作確認環境

本書の動作確認環境は以下のとおりだ。

- Qt : Qt 5.10.0（Qt Quick 2.10）オープンソース版
- 開発環境 : Qt Creator 4.5.0
- 動作確認環境
  - Windows 10 Pro 1709（64bit）
  - Ubuntu 16.04（64bit）
  - macOS 10.12.6（64bit）
  - Android 7.0（au HTV32 HTC10）
  - iOS Simulator 10

　動作確認環境以外の場合は、選択するコンポーネントや関連するツールのパスなどは環境に合わせて適宜読み替えてほしい。特にLinuxのディストリビューションの違いについては、すべてを網羅できないため、パッケージの違いなど臨機応変に対応してほしい。

2.2　セットアップ

セットアップの大きな流れとしては、以下のとおりだ。

1. プラットフォームごとに必要なコンパイラなど、ツール類をインストール
2. Qtのインストール
3. コンパイラなどに関連する設定（大抵は自動で設定される）

　本来であれば、先にコンパイラなどのツール類について解説するところだが、環境によって説明が分かれるため、先にQtについて解説する。ただし、すべての手順を詳細に解説はしないで要点や注意点のみを解説する。
　Qtにはオンラインインストーラーが用意されており、以下のサイトより入手できる。

- The Qt Company サイトトップ : https://www.qt.io/
- ダウンロードページ : https://www.qt.io/download

ダウンロードするファイルは以下のとおりだ。

- Qt Online Installer for Linux 64-bit（31MB）
- Qt Online Installer for macOS（12MB）
- Qt Online Installer for Windows（17MB）

残念なことにオープンソース版のダウンロードページへの動線がわかりにくくなっているため、少し長いがダウンロードページの URL もあわせて掲載した。なお、サイトトップからアクセスする場合は、購入もしくは無料トライアルを勧めるリンクをたどっていくことで到達できる。

さて、本書はもともとホビー目線でスタートしているため、オープンソース版で解説をする。もちろん、業務で使えないわけではなく、オープンソース版のライセンス（LGPLv3、一部 GPLv3 など異なる機能もあり）に従えるのなら問題ない。有償で販売する製品にも使用できるし、大抵は製品のソースコードをオープンにする義務もない。ただし、オープンソース版で開発した製品を後で商用版に切り替えることはできないため、注意が必要だ。

ダウンロードページには、オンラインインストーラーの他にあらかじめすべてのファイルをアーカイブしたオフラインインストーラーも用意されている。以前は、デスクトップ用・Android 用とターゲットプラットフォームごとに細かく分かれていたが、最近は開発ホストのプラットフォームごとにまとまっているので扱いやすくなった。

どちらを利用するかは好みで構わないが、オンラインインストーラーをお勧めする。理由としては、1 つのインストーラーで複数のバージョンやコンポーネント（プラットフォーム）を自由に選択でき、メンテナンスツールを使用して更新や追加・削除がいつでもできるためだ。また、正式リリース前のプレビューの機能も手軽にインストールできるのも良いところだ。

Qt 5.10.0 で選択可能なコンポーネントは表 2.1 のとおりだ。

●表 2.1　オンラインインストーラーで選択可能なコンポーネント

開発環境	選択可能コンポーネント
Windows	MinGW 5.3.0 32bit UWP armv7 (MSVC2015) UWP x64 (MSVC2015) UWP x86 (MSVC2015) UWP armv7 (MSVC2017) UWP x64 (MSVC2017) UWP x86 (MSVC2017) msvc2013 64-bit msvc2015 32-bit msvc2015 64-bit msvc2017 64-bit Android x86 Android ARMv7
Linux	Desktop gcc 64-bit Android x86 Android ARMv7
macOS	clang 64-bit Android x86 Android ARMv7 iOS
共通 （Qt 関連）	Sources Qt Charts Qt Data Visualization Qt Purchasing Qt Virtual Keyboard Qt WebEngine Qt Network Authorization Qt Remote Objects (TP) Qt WebGL Streaming Plugin (TP) Qt Script (Deprecated)

第2章　開発環境の作成

プラットフォームごとのコンポーネントの選択については後述する。

共通（Qt 関連）のコンポーネントは、本書を読み進める上で必須の項目はないため、自由に選択して構わない。今後、正式採用される機能のテクニカルプレビュー版（表2.1でTPと表記）に挑戦してみるのもよいだろう。ソースコードは、興味があればインストールして中をのぞいてみるのも面白い。

2.2.1　Windows でデスクトップと UWP [注1] 向け

Qt のオンラインインストーラーのコンポーネント選択で表2.2の項目から好みのものを選択する。コンパイラには MinGW [注3] と Visual Studio を選択できる。

●表2.2　Windows でデスクトップと UWP 向けに必要なもの一覧

選択コンポーネント	必要なもの	備考
MinGW 5.3.0 32bit	MinGW 5.3.0	Qt に同梱
msvc2013 64-bit	Visual Studio 2013	Express 版のときは、「for Windows Desktop」を選択
UWP armv7 (MSVC2015) UWP x64 (MSVC2015) UWP x86 (MSVC2015) msvc2015 32-bit msvc2015 64-bit	Visual Studio 2015	Community 版も可
UWP armv7 (MSVC2017) UWP x64 (MSVC2017) UWP x86 (MSVC2017) msvc2017 64-bit	Visual Studio 2017	Community 版も可

ここで、どのコンパイラ向けを選択するかで悩むことになる。まずはお手軽に Qt を体験してみるという意味では MinGW だろう。全体的な対応状況の良さでは Visual Studio 2015 だ。読者の環境に合わせて都合の良いものを選んでほしい。ただ、ひとつ残念なことは Visual Studio 2017 を選択するとデスクトップ向けの 32bit アプリケーションが作成できないことだ。

以前と比べると、コンポーネントが独立していた Windows Phone 向けがなくなり、随分すっきりした。UWP の ARM 向けで Windows 10 Mobile も対応できることが大きい。

注1) UWP とは「ユニバーサル Windows プラットフォーム」の略で、Windows10 用のアプリケーションプラットフォームでデバイスを選ばない開発ができるプラットフォームだ。

注3) MinGW(Minimalist GNU for Windows) は、GCC で Windows アプリケーションを開発するためのパッケージだ。

14

2.2.1.1 インストーラーの入手

インストーラーは、以下のサイトよりダウンロードできる。

Visual Studio Community 2015（Express 版も含む）

https://www.visualstudio.com/ja/vs/older-downloads/

なお、Visual Studio Community 2015 など以前のバージョンをダウンロードするには、無償の開発者プログラム「Visual Studio Dev Essentials」への参加が必要だ。下記 Web サイトでユーザー登録後にダウンロードサイトへアクセスすると、インストーラーが入手可能だ。

https://www.visualstudio.com/ja/dev-essentials/

Visual Studio Community 2017

https://www.visualstudio.com/

2.2.1.2 Visual Studio Community 2015 のインストールについて

Visual Studio Community 2015 を使用する場合は、インストール時にカスタムモードで以下の項目を選択する。

- プログラミング言語 → Visual C++
- Windows 開発と Web 開発 → ユニバーサル Windows アプリ開発ツール

これにより「Windows 10 用 Windows ソフトウェア開発キット（以下、Windows 10 SDK）」がインストールできる。これは基本的に UWP アプリケーション向けでインストールするが、標準の操作でインストールされないデバッガのためにインストールする。デバッガは「2.2.1.4 デバッガについて」を参照して Visual Studio のインストール終了後に別途インストールすること。

なお、電話向けのエミュレータもインストールできるが、Hyper-V 上で動作する関係で Windows のエディションが Professional 以上・ハードウェアの仮想化支援（Intel VT）などが必要になる[注4]。携帯電話の実機を所持していればエミュレータは不要なため、この条件は当てはまらない。

2.2.1.3 Visual Studio Community 2017 のインストールについて

Visual Studio Community 2017 を使用する場合は、インストール時に「ワークロード」のタブで以下の項目を選択する。

- ユニバーサル Windows プラットフォーム開発
- C++ によるデスクトップ開発

注4) その他のエミュレータを実行するときに必要な要件は下記サイトを参照。
　　http://msdn.microsoft.com/ja-jp/library/windowsphone/develop/ff626524(v=vs.105).aspx

Visual Studio Community 2017 も 2015 と同様でデフォルトではデバッガがインストールされないため、「2.2.1.4 デバッガについて」を参照して Visual Studio のインストール終了後に別途インストールすること。

2.2.1.4 デバッガについて

Community 版を使用する場合、前述したとおり同時にインストールする「Windows 10 SDK」に含まれていても標準では無効状態になっている。そのため、インストール後にコントロールパネルの「プログラムと機能」から「Windows Software Development Kit - Windows 10」という項目を探して構成変更をする。「Debugging Tools for Windows」をインストールした後に Qt Creator を起動するとデバッガが自動的に認識される。Qt Creator で「ツール」→「オプション」→「ビルドと実行」の「デバッガ」タブで自動認識していることを確認できる（図2.1）。

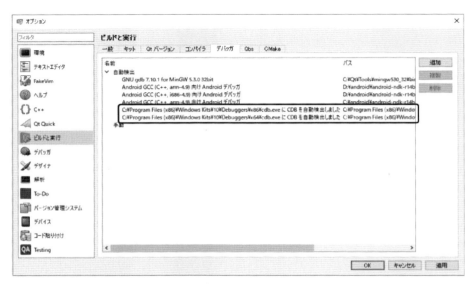

● 図2.1　デバッガインストールの確認

2.2.2　Windows で Android 向け

オンラインインストーラーのコンポーネント選択で表2.3の項目のどれかを選択し、Qt のインストール後にコンパイラや JDK8 などをインストールする。あらかじめインストールしてもよいが、Android の開発環境を揃えるのが初めてなら、Qt のインストール後に作業する方が、入手できる Web サイトへの案内があり簡単だ。

●表2.3　Windows で Android 向けに必要なもの一覧

選択コンポーネント	必要なもの
Android x86	JDK
Android ARMv7	Android SDK Android NDK

Qt Creator を起動し、「ツール」→「オプション」→「デバイス」→「Android」タブを選択する（図2.2）。この画面で Android の開発に必要なツールの設定を行う。図2.2の右端の枠内にあるボタンをクリックすると、ツールを入手できる Web サイトへジャンプする。一番上（JDK8）から順番にダウンロードしインストールする。

● 図2.2 Android 開発の設定

Android SDK は、矢印ボタンで遷移できる Web ページ最下の項目「コマンドライン ツールのみ入手する」にある ZIP ファイルを選択する。Android の公式開発環境が Android Studio に移行したため、単体でのダウンロードはオプションとしての提供になっている。ZIP ファイルの解凍後は、以下のコマンドを実行し、開発に必要なパッケージをインストールする。例では API レベル24（Android 7.0）をダウンロードしている。最終行の「Google USB Driver」は実機への接続で必須だ。

　　解凍先（例）C:￥android￥android-sdk

```
>cd C:¥android¥android-sdk
>tools¥bin¥sdkmanager.bat --update
>tools¥bin¥sdkmanager.bat "platforms;android-24"
>tools¥bin¥sdkmanager.bat "extras;google;usb_driver"
```

設定を完了すると図2.3のようになり、パスの設定例は表2.4のとおりだ。

● 図 2.3 Windows で Android 開発の設定完了状態

●表 2.4 Android 向けの設定内容（例）

項目	値
JDK	C:￥Program Files￥Java￥jdk1.8.0_151
Android SDK	C:￥android￥android-sdk
Android NDK	C:￥android￥android-ndk-r14b

2.2.3 Linux でデスクトップ向け

Qt のオンラインインストーラーのコンポーネント選択で表 2.5 の項目を選択する。

●表 2.5 Linux でデスクトップ向けに必要なもの一覧

選択コンポーネント	必要なもの
Desktop gcc 64-bit	build-essential libgl1-mesa-dev

Qt のインストールと以下のコマンドで必要なツール類をインストールする。

```
$ sudo apt-get install build-essential libgl1-mesa-dev
```

2.2.4 Linux で Android 向け

オンラインインストーラーのコンポーネント選択で以下の項目のどれかを選択する。基本的には Windows と同様で Qt のインストール後にコンパイラや JDK などをインストールする。あらかじめインストールしてもよいが、Android の開発環境を揃えるのが初めてなら、Qt のインストール後に作業する方が簡単だ。

Android NDK が Linux 向けは 64bit 版のみとなっているため、必然的に開発環境も 64bit のみとなる。

●表 2.6　Linux で Android 向けに必要なもの一覧

選択コンポーネント	必要なもの
Android x86	openjdk-8-jdk
Android ARMv7	Android SDK Android NDK lib32z1 lib32stdc++6

　Qt をインストールしたら、openjdk-8-jdk と 32bit ランタイムを以下のコマンドでインストールする。もし Qt Creator を先に起動していたら、再起動すれば自動的に認識する。32bit ランタイムをインストールする理由は、Android SDK の 64bit 環境用に含まれるツールの一部が 32bit 向けにビルドされているためだ。

```
$ sudo apt-get install openjdk-8-jdk lib32z1 lib32stdc++6
```

　Qt Creator を起動し、「ツール」→「オプション」→「デバイス」→「Android」を選択する。各設定項目の右にあるボタンをクリックすると、ツールを入手できるサイトへジャンプする。
　Android SDK は、矢印ボタンで遷移できる Web ページ最下の項目「コマンドライン ツールのみ入手する」にある ZIP ファイルを選択する。Android の公式開発環境が Android Studio に移行したため、単体でのダウンロードはオプションとしての提供になっている。ZIP ファイルの解凍後は、以下のコマンドを実行し、開発に必要なパッケージをインストールする。例では API レベル 24（Android 7.0）をダウンロードしている。

　　解凍先（例）：~/android/android-sdk

```
$ cd ~/android/android-sdk
$ ./tools/bin/sdkmanager --update
$ ./tools/bin/sdkmanager "platforms;android-24"
```

　設定を完了すると図 2.4 のような状態になる。パスの設定例は表 2.7 のとおりだ。

● 図 2.4　Linux で Android 開発の設定完了状態

●表 2.7　Android 向けの設定内容（例）

項目	値
JDK	/usr/lib/jvm/java-8-openjdk-amd64
Android SDK	/home/USER/android/android-sdk-linux
Android NDK	/home/USER/android/android-ndk-r14b

2.2.5　macOS でデスクトップ向け

　オンラインインストーラーのコンポーネント選択で表 2.8 の項目のどれかを選択する。ただし、macOS だけは注意が必要で、Xcode を必ず先にインストールし、その後 Xcode を一度起動してライセンス条項への許諾を済ませること。Qt のインストーラーがライブラリの設定変更に失敗するためだ。しかし、インストーラーは特にエラーを表示せず、アプリケーションをいざビルドするときに失敗する。

●表 2.8　macOS でデスクトップ向けに必要なもの一覧

選択コンポーネント	必要なもの	備考
clang 64-bit	Xcode	Qt のインストール前に必ずライセンス条項への許諾を済ませること

　Xcode を App Store からインストールする。

　　https://itunes.apple.com/jp/app/xcode/id497799835?mt=12

2.2.6　macOS で iOS 向け

　Qt のオンラインインストーラーのコンポーネント選択で表 2.9 の項目を選択する。

●表 2.9　macOS で iOS 向けに必要なもの一覧

選択コンポーネント	必要なもの
iOS	Xcode

　Qt のインストールと Xcode を App Store からインストールする。その後、Xcode を起動してライセンスへの同意を済ませればセットアップは完了だ。

https://itunes.apple.com/jp/app/xcode/id497799835?mt=12

2.2.7　macOS で Android 向け

　オンラインインストーラーのコンポーネント選択で表 2.10 の項目のどれかを選択する。Windows と同様で Qt のインストール後にコンパイラや JDK などをインストールする。あらかじめインストールしてもよいが、Android の開発環境を揃えるのが初めてなら、Qt のインストール後に作業する方が簡単だ。

●表 2.10　macOS で Android 向けに必要なもの一覧

選択コンポーネント	必要なもの
Android x86	JDK
Android ARMv7	Android SDK Android NDK

　Qt Creator を起動し、「ツール」→「オプション」→「デバイス」→「Android」タブを選択する。各設定項目の右にあるボタンをクリックすると、ツールを入手できるサイトへジャンプする。一番上（JDK）から順番にダウンロードしインストールする。

　Android SDK は、矢印ボタンで遷移できる Web ページ最下の項目「コマンドライン ツールのみ入手する」にある ZIP ファイルを選択する。Android の公式開発環境が Android Studio に移行したため、単体でのダウンロードはオプションとしての提供になっている。ZIP ファイルのダウンロード・解凍後に以下のコマンドを実行し、開発に必要なパッケージをインストールする。例では API レベル 24（Android 7.0）をダウンロードしている。

解凍先（例）： ~/android/android-sdk

```
$ cd ~/android/android-sdk
$ ./tools/bin/sdkmanager --update
$ ./tools/bin/sdkmanager "platforms;android-24"
```

　設定を完了すると図 2.5 のような状態になる。パスの設定例は表 2.11 のとおりだ。

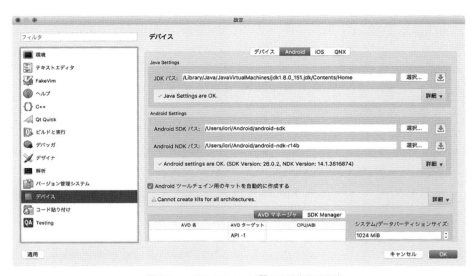

● 図 2.5 macOS で Android 開発の設定完了状態

●表 2.11 Android 向けの設定内容（例）

項目	値
JDK	/Library/Java/JavaVirtualMachines/jdk1.8.0_151.jdk/Contents/Home
Android SDK	/Users/USER/Android/android-sdk
Android NDK	/Users/USER/Android/android-ndk-r14b

2.3　環境設定の確認

　セットアップが完了したら Qt Creator で環境設定ができているかを確認する。「ツール」→「オプション…」→「ビルドと実行」→「キット」を選択する。モバイルなども含めてセットアップしたときの状態を図 2.6 〜図 2.8 に示すので参考にしてほしい。
　キットとは、アプリケーションをビルドするときに必要な情報（コンパイラや Qt の設定）をひとまとめにしたものである。
　一部、モバイルデバイス用に実機の設定がないために警告のエクスクラメーションマークが出ているものがあるが、実機の持ち合わせがないためご容赦いただきたい。

2.3 環境設定の確認

● 図2.6　Windowsでのキットの状態

● 図2.7　Linuxでのキットの状態

第2章 開発環境の作成

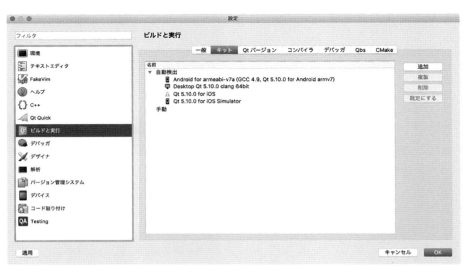

● 図 2.8 macOS でのキットの状態

第**3**章

Hello Worldで準備運動

開発環境の準備が整ったら、プログラミングの定番 Hello World で動作確認を行いつつ、プロジェクトの作成や構成などについて解説する。

3.1 プロジェクトの作成

Qt Creator を起動し、「ファイル」→「ファイル/プロジェクトの新規作成…」もしくは、「ようこそ」画面の「新しいプロジェクト」からプロジェクトを作成する。

本章での解説を含めた完成系は以下のサンプルプロジェクトとして用意している。

　　サンプルプロジェクト：Chapter3 → HelloWorld

3.1.1 テンプレートの選択

プロジェクトの新規作成は、図3.1のダイアログでのテンプレートの選択から始まる。ここでは、「Qt Quick Controls Application - Swipe」を選択する。

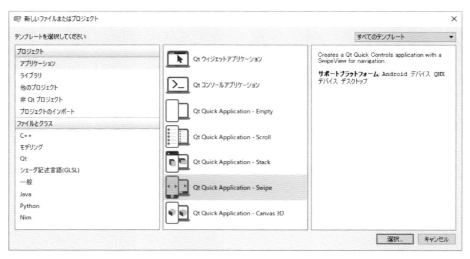

● 図3.1 新しいプロジェクト

Qt Quick 向けには5つのテンプレートが用意されており、概要は表3.1のとおりだ。

●表3.1 Qt Quick 向けプロジェクトテンプレート

ファイル名	説明
Qt Quick Application - Empty	あらゆるアプリケーションのベースとなるシンプルなテンプレート ウインドウを1つ表示するのみ
Qt Quick Application - Scroll	アプリケーション全体にリストを表示するテンプレート
Qt Quick Application - Stack	スタック形式でページを表示するモバイル系アプリケーションの動きを意識したテンプレート
Qt Quick Application - Swipe	スワイプでページ切り替えができるタブ表示形式のテンプレート 以前は、Qt Quick Controls 2 アプリケーションというテンプレートだった
Qt Quick Application - Canvas 3D	3D描画の基礎になるテンプレート

3.1.2 プロジェクトパス

プロジェクトパス（図3.2）では、プロジェクト名とパスを設定する。名前に「HelloWorld」と入力し、パスには任意のフォルダを設定する。

● 図3.2　プロジェクト名とパス

3.1.3 ビルドシステムの定義

ビルドシステムの定義（図3.3）では、使用するビルドシステムとして「qmake」を選択（デフォルト）する。

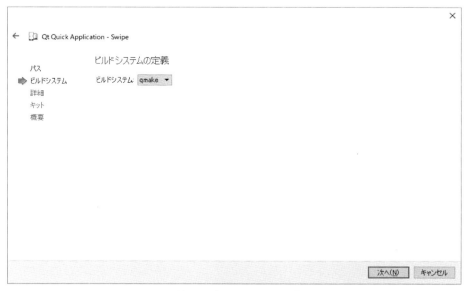

● 図3.3　ビルドシステムの定義

ここで言うビルドシステムとは、Qt独自の設定を様々なプラットフォームのコンパイラで解釈可能な設定（Makefileなど）に変換するソフトウェアのことだ。これによってアプリケーションの開発者は、あるプラットフォームで書いたソースコードとQtの設定ファイルを他のプラットフォームでも利用できるのだ。

さて、本書ではこれまでのQtで一般的に使用されてきたビルドシステムであるqmakeを選択するが、他に「CMake」と「Qbs」も選択できる。CMakeはqmakeと同様にクロスプラットフォーム対応したビルドシステムであり、既に広く使われている。Qbs（キューブス）はQt用に新しく開発されているビルドシステムで、qmakeとCMakeがMakefileを生成して実際のビルド自体はmakeなどに任せている仕様なのに対して、Qbsは直接コンパイラなどを実行する。また、プロジェクト設定の定義方法はQMLのような宣言型の言語で行う。もし興味があれば、以下の公式ドキュメントを参照してほしい。

Qbs Manual：http://doc.qt.io/qbs/

3.1.4 プロジェクトの詳細定義

プロジェクトの詳細定義（図3.4）では、スタイルの設定として「Default」を選択する。

● 図3.4 プロジェクトの詳細定義

ここでは利用するQtのバージョンとスタイルとソフトキーボードについての設定を行う。

「最小必要Qtバージョン」は、初期状態のQMLファイルでインポートするモジュールのバージョンが変化し、指定したQtバージョンに合わせた状態となる。本書はQt 5.10をターゲットとしているため、それを選ぶ。

「Qt Quick Controls Style」は、アプリケーションのデザインを変更するための仕組みについての設定だ。大きく分けて以下の5種類から選択可能だ。

- デフォルト（Qt Quick Controls 2 標準デザイン）
- マテリアル（Google Material Design Guidelines[注1]に沿ったデザイン）
- ユニバーサル（Microsoft Universal Design Guidelines[注2]に沿ったデザイン）
- フュージョン（デスクトップを意識したデザイン）
- イマジン（画像を使用してデザインするためのテンプレート）

詳細は「4.5 スタイル」で解説するが、スタイルはここでは Qt Quick Controls 2 標準のデザインとなる「Default」を選択する。アプリケーションの動きに影響はないので、他の項目を選択しても構わない。

3.1.5 キットの選択

キットの選択（図3.5）では、ビルドに使用するQtのバージョンやコンパイラの設定をひとまとめにしたキットを選択する。

ここでは、デスクトップ向けのものを選択する。コンパイラなどは各自の環境に合わせて選んでほしい。

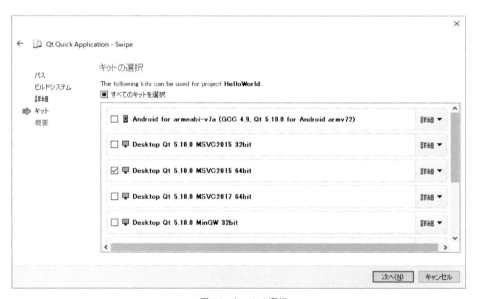

● 図3.5 キットの選択

3.1.6 プロジェクト管理

最後にプロジェクト管理（図3.6）では、作成するプロジェクトを他のプロジェクトのサブとして追加するか、あるいはバージョン管理システムへ追加するかを選択する。

注1) 参考：https://material.io/guidelines/material-design/introduction.html
注2) 参考：https://developer.microsoft.com/en-us/windows/apps/design

● 図3.6　プロジェクト管理

　ちなみに「サブプロジェクトとしてプロジェクトに追加」は、プロジェクトの新規作成で「他のプロジェクト」→「サブディレクトリプロジェクト」のテンプレートで作成したプロジェクトを Qt Creator で開いている状態のときに選択可能になる。「サブディレクトリプロジェクト」とのフォルダの相対位置に関係なく追加できる。この「サブディレクトリプロジェクト」は複数のプロジェクトをまとめて管理するために使用する。

3.2　プロジェクトのファイル構成

　できあがったプロジェクトのツリーをすべて展開すると、図3.7のようになる。

3.2 プロジェクトのファイル構成

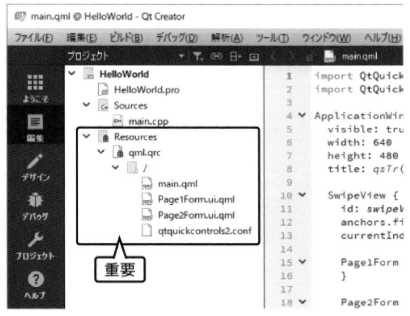

● 図3.7 プロジェクトの初期状態

　右側に最初に表示されているファイルは、プロジェクトツリーの「Resources」の下に配置されている「main.qml」だ。このファイルを起点にアプリケーションを作成することになる。

　プロジェクトに登録されているファイルの詳細は、表3.2のとおりだ。

●表3.2 プロジェクトに初期登録されるファイル

ファイル名	説明
HelloWorld.pro	プロジェクトの設定ファイル 使用するQtのモジュールや、プロジェクトに登録されているファイルについてなどの設定を記述する
main.cpp	main()関数が記述され、main.qmlファイルから開始する設定など簡単なコードが記述される マルチランゲージ対応やプラグインを作成したときなどに編集することがある
qml.qrc	リソース設定ファイル これに登録されたファイルがリソースとしてビルド時に実行ファイルへ組み込まれる QMLファイルを追加したいときは新規ファイルもしくは既存ファイルをプロジェクトへ追加するだけだ
main.qml	アプリケーションの起点となるQMLファイル タブの制御などロジックを記述 プロジェクトをビルドするとリソースとして実行ファイルに組み込まれ、コンパイルされるわけではない
Page1Form.ui.qml	エレメントのロジックとデザインを分離する仕組みの「デザイン」を担当するQMLファイル タブに表示するページを担当
Page2Form.ui.qml	同上
qtquickcontrols2.conf	スタイル（見た目）に関する設定を記述するファイル

　ところで、以前からQt Quickの経験のある方はプロジェクトを作成した時点で気づいたかもしれないが、QMLファイルが初期状態でリソースに含まれている。これまでQMLファイルは実行ファイルとは別にテキスト形式のファイルをセットで扱うか、開発者が意図的にリソースに

31

含めるように作成する必要があった。また、リソースに登録されたファイルをツリー状に展開もしてくれなかったため編集が若干面倒だった。これからはデプロイ時も編集時もQMLファイルの扱いが非常に簡単になる。もちろん、QMLファイルの追加時も自動的にリソースへ登録してくれる。

なお、プロジェクトにQMLファイルを追加するときは少しだけ注意が必要だ。まず、メニューの「ファイル」→「ファイル/プロジェクトの新規作成」または、プロジェクトツリーを右クリックし「新しいファイルを追加」を選択し、テンプレート選択で図3.8のように「QMLファイル(Qt Quick 2)」を選択する。

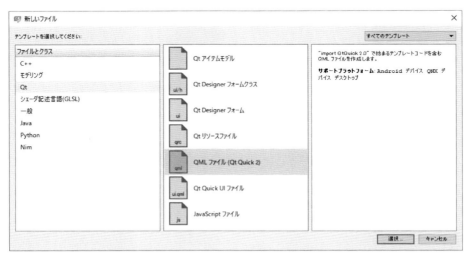

● 図3.8　新しいファイルのテンプレート選択

続いて、ウィザードの最後「プロジェクト管理」画面で、「プロジェクトに追加」の項目が「qml.qrc プレフィックス /」になっているか確認すること（図3.9）。

● 図3.9 新しいファイルをプロジェクトに追加するときの注意点

3.3 初期ファイルのポイント

プロジェクト内のファイルについて「3.2 プロジェクトのファイル構成」で概要を説明した。ここでは具体的な内容を見ながら以前と変化した部分などを中心にポイントを解説する。

サンプルで掲載しているコードは、プロジェクト作成時の初期状態に説明用のコメントを追記したものとなっている。QMLファイルとしての意味は変化していない。

3.3.1 メインファイル（main.qml）

「Qt Quick Controls - Swipe」のプロジェクト作成直後の「main.qml」ファイルはリスト3.1のとおりだ。

● リスト3.1　main.qml の初期状態

```
//使用するエレメントに合わせてモジュールをインポート
import QtQuick 2.10
import QtQuick.Controls 2.3

//ヘッダー・フッターなどを追加できるウインドウ用エレメント [1]
ApplicationWindow {
  //作成したウインドウを表示状態に [2]
  visible: true
  //コンテンツ領域のサイズ [3]
  width: 640
  height: 480
  //ウインドウタイトル
  title: qsTr("Tabs")

  //複数のページをスワイプ動作で切り替え可能な表示領域 [4]
  SwipeView {
    id: swipeView
```

```
      anchors.fill: parent
      //表示ページをタブの選択状態と連動 [5]
      currentIndex: tabBar.currentIndex

      //1ページ目（内容は別ファイルで定義）
      Page1Form {
      }
      //2ページ目（内容は別ファイルで定義）
      Page2Form {
      }
    }
    //表示するページを選択するためのタブ領域
    footer: TabBar {
      id: tabBar
      //SwipeViewの表示ページと連動 [6]
      currentIndex: swipeView.currentIndex

      TabButton {
        text: qsTr("Page 1")
      }
      TabButton {
        text: qsTr("Page 2")
      }
    }
  }
}
```

3.3.1.1 ルートエレメント（リスト3.1 [1]）

　QMLファイルに1つだけ指定するルートエレメントは、ApplicationWindowエレメントに変更されてアプリケーションのウインドウ自体を制御できるようになった。Qt Quick Controlsがリリースされる以前はウインドウに対して何らかの働きかけをする機能がなかったため、非常に便利になった。

　また、ルートエレメントにはRectangleエレメントなどを自由に使用できるが、リスト3.1に限ればアプリケーション全体のルートエレメントとしてウインドウへの制御にも影響するため、テンプレートのとおりApplicationWindowエレメントを使用することをお勧めする。

3.3.1.2 表示状態（リスト3.1 [2]）

　表示状態を設定するvisibleプロパティは、必ずtrueを指定する。ApplicationWindowエレメントのvisibleプロパティのデフォルトがfalseだからだ。プロパティをtrueに設定し忘れると、起動時にウインドウが表示されず、何も操作できなくなる。トップレベルウインドウのことだけを考えると、デフォルトをtrueにすると都合が良さそうに感じる。しかし、初期状態がfalseであれば、起動後の内部データの状況に応じてtrueにすることもできるし、ApplicationWindowエレメントを子ウインドウとしても使用できるため、デフォルトがfalseの方が都合の良いこともある。

3.3.1.3 エレメントサイズ（リスト3.1 [3]）

　エレメントのサイズはwidthプロパティとheightプロパティで指定する。リスト3.1 [4] で指定しているサイズは、ApplicationWindowエレメント自体のサイズであり、ウインドウサイズと

は本来関係ない。しかし、アプリケーションの中でルートエレメントになるときは、図3.10のようにエレメントの周りにプラットフォームごとのウインドウが表示される。

筆者だけかもしれないが、ルートエレメントのときは初期設定値がウインドウサイズに影響するため、ウインドウのサイズそのものを示しているのか内側のエレメントのサイズを示しているのか？ と、ふと思うことがあるため、間違えないようにしてほしい。

なお、ヘッダー・フッターはApplicationWindowエレメントの子供になるため、それらが含まれたサイズになる。

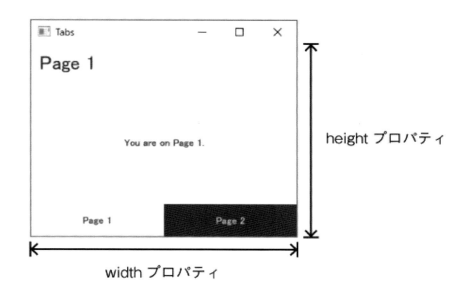

● 図3.10 ルートエレメントのサイズ

3.3.1.4 スワイプで切り替え可能なページ切り替え機能（リスト3.1 [4]）

SwipeViewエレメントは、子供に配置したエレメントそれぞれを1ページとして自身の領域全体に表示する。そして、それらのページをスワイプ動作で切り替えができる。リスト3.1では、親であるApplicationWindowエレメント全体に配置しているため、子供のPage1FormエレメントとPage2Formエレメントがフッターをのぞいた全体に表示される。

なお、子供として配置するエレメントは、RectangleエレメントなどItemエレメントを継承しているエレメントを自由に配置可能だ。Page1FormエレメントはPageエレメントをベースに定義されているが、Pageエレメントにこだわる必要はない。

余談だが、PageエレメントはApplicationWindowエレメントのようにヘッダー・フッターを設定できるため、ページ単位でもヘッダー・フッターを組み合わせるレイアウトができる。

第3章 Hello Worldで準備運動

3.3.1.5 表示ページをタブの選択状態と連動 (リスト3.1 [5][6])

SwipeView エレメントの currentIndex プロパティを使用してフッターに設定している Tab Bar エレメントとの連携をしている。ここで、Qt Quick に慣れていない方でも違和感に気づくだろう。以下の省略したコードのように、プロパティバインディングがループしているのだ。

```
SwipeView {
  id: swipeView
  //表示ページをタブの選択状態と連動            [5]
  currentIndex: tabBar.currentIndex
}
footer: TabBar {
  id: tabBar
  //SwipeViewの表示ページと連動              [6]
  currentIndex: swipeView.currentIndex
}
```

SwipeView エレメントや TabBar エレメントのように Container エレメントを継承しているエレメントの currentIndex プロパティは、ループせずにお互いを連動させられる設計になっている。もし、JavaScript でページやタブを操作したいときは、以下のメソッドを使用する。プロパティに直接代入してしまうと、プロパティバインディングが解除されてしまうからだ。

```
incrementCurrentIndex() //次へ
decrementCurrentIndex() //前へ
setCurrentIndex(int index) //指定のindexへ
```

3.3.2 ロジックとデザイン
(Page1Form.ui.qml ／ Page2Form.ui.qml)

プロジェクト作成直後の「Page1Form.ui.qml」と「Page2Form.ui.qml」は編集を Qt Quick デザイナーで行うことを前提にした QML ファイルだ。プロジェクトの初期状態では規模も小さいため簡易的な使用法だが、通常はロジックとデザインのファイルを分離しつつセットで管理するために「Page1.qml」と「Page1Form.ui.qml」といったファイル構成で扱う。前者がロジックを記述するファイルで、後者がデザイン用だ。ファイル構成という意味では、デザインが共通のロジック違いの「Page1_1.qml」と「Page1_2.qml」と「Page1Form.ui.qml」といった可能性もあるだろう。プロジェクトの初期状態では「main.qml」がロジック側を担当する。

そして、「Page1Form.ui.qml」ファイルの初期状態はリスト3.2のとおりで、Qt Quick デザイナーの編集画面は図3.11のとおりだ。

●リスト3.2 Page1Form.ui.qml の初期状態

```
import QtQuick 2.10
import QtQuick.Controls 2.3

Page {
    width: 600
    height: 400

    header: Label {
```

```
            text: qsTr("Page 1")
            font.pixelSize: Qt.application.font.pixelSize * 2
            padding: 10
        }

        Label {
            text: qsTr("You are on Page 1.")
            anchors.centerIn: parent
        }
    }
```

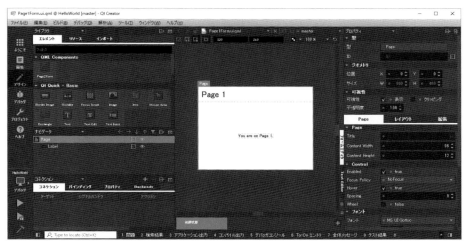

● 図 3.11　Page1Form.ui.qml の編集画面

　現状のままではロジック側（今回なら main.qml）からデザイン側のエレメントにアクセスができない。しかし、これを解決する方法が用意されており、「5.3.6 ロジック側との連携（双方向）」で解説しているため、ぜひ読み進めてほしい。

　さて、Qt Quick を使った開発は、ロジックとデザインを分離してプログラマーとデザイナーの並行作業をしやすくする方向へと今後は進むと考えられる（すべてではないと思うが）。まだ発展途上の Qt Quick デザイナーであるが、Qt4.x 時代に比べれば格段に使いやすくなっている。本書では紹介程度だが、筆者としては注目していきたい部分だ。

　なお、初期状態では利用しなかったが、ロジックとデザインの2ファイル構成で QML ファイルを追加したいときは、図 3.12 のように新規作成のテンプレート選択で「Qt Quick UI ファイル」を選ぶ。

第3章 Hello Worldで準備運動

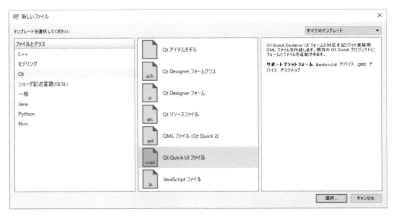

● 図3.12 新しいファイルのテンプレート選択

3.4 各プラットフォームでの実行結果

ここでは、プラットフォームごとの実行結果を紹介する。まったく違う環境でどのような結果になるかの参考にしてほしい。なお、ウインドウサイズは紙面の都合上調整している。

3.4.1 デスクトップ系の実行結果

デスクトップ系として、Windows 10・Ubuntu 16.04・macOS・Windows 10 UWP の実行結果を紹介する。

Ubuntu 16.04

Windows 10

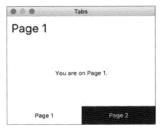
macOS 10.12

Windows 10 UWP

● 図3.13 デスクトップ系の実行結果

ウインドウのデザインとフォントが違うだけで、ほぼ同じである。Qt Quick Controls 1 の頃はプラットフォームごとのデザインになっていたが、Qt Quick Controls 2 でデザインが統一されたためだ。さらにプロジェクトの初期状態がシンプルになりすぎてボタンなどのデザインがわからないため、プロジェクト作成時に少しだけ紹介したスタイルの紹介とあわせて見ていただく。図3.14 でこれまでと大きく変化したデザインが確認できる。なお、スクリーンショットには、スタイルの変更でデザインの違いがわかりやすいように基本的な機能を集めたアプリケーションを使用している。

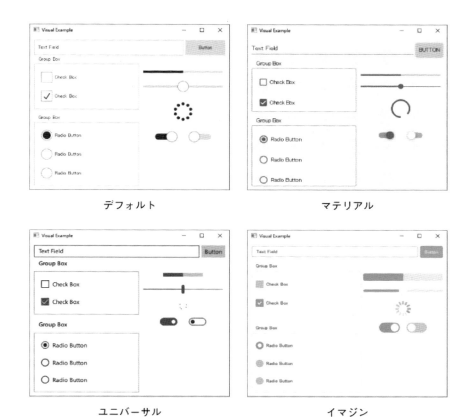

● 図3.14 スタイルの比較（Windows の例）

3.4.2 モバイル系の実行結果

モバイル系として、Android 7.0・iOS Simulator 10.0 の実行結果を紹介する。実行したアプリケーションは、デスクトップと同じ「3.3.1 メインファイル（main.qml）」で紹介したソースを使用している。

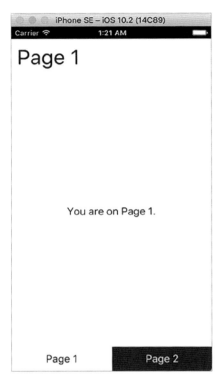 

iOS Simulator 10.0　　　　　　　　Android 7.0

● 図3.15　モバイル系の実行結果

「3.1 プロジェクトの作成」でプロジェクトのテンプレートに選択した「Qt Quick Controls - Swipe」をデスクトップからモバイルまでと紹介した。見てわかるとおり、モバイルでも問題なく利用できる。Qt Quick Controls 1のときは、各プラットフォームでデザインが大きく異なり、ソースコードを完全に兼用するのは難しい状態だったが、モバイルでの利用も意識した統一デザインとなってアプリケーションの設計がしやすくなった。もちろん、プラットフォームごとのデザインから離れてしまうデメリットもあるが、ユーザーインターフェースをゲームのようなアプリケーション独自の世界観で設計してみてはどうだろうか。

画面の構築は、デスクトップと同様でウインドウのサイズに影響されないようにするべきであることは言うまでもないし、デスクトップ以上に気をつける必要がある。ただ、QMLのレイアウト機能を活用すればそれほど難しくないため、気負わずに取り組んでほしい。

3.5　コマンドラインでのビルド

本書は基本的にQt Creatorを使用しての開発を想定して解説しているが、コマンドラインからもビルドが可能だ。手順としては図3.16のような流れになる。Qt Creatorを使用しているとき

は、この手順をQt Creatorが代わりに実行してくれるためあまり意識しないが、コマンドラインからのビルドを考えていない方も、ぜひ理解しておいてほしい。

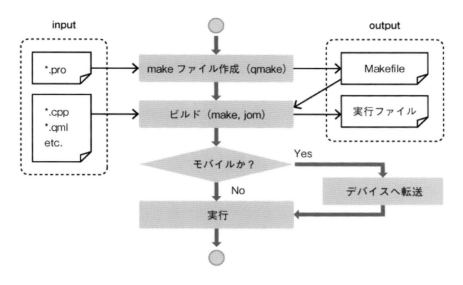

● 図3.16　ビルドから実行の手順

　実質的なビルド手順は2ステップとなる。まず、「qmake」コマンドを使用して「Makefile」ファイルを作成する。そして「make」コマンドでビルドをする。
　ソースコードのみを修正したときは、「ビルド」の手順から繰り返す。プロジェクトにファイルを追加など（*.proファイルを修正）したときには「makeファイルの作成」まで戻る。
　一般的に言われる「リビルド」（Qt Creator内のメニュー項目も含む）は、qmakeで作成されたMakefileをもとにビルドをやり直しているため、proファイルの修正は反映されない。Qt Creatorで作業しているときは、proファイルが修正されると自動的にqmakeが実行されるが、リソース内のファイルの名称を変更したときなど手動で実行しないといけない場合がある。プロジェクトの設定の変更やソースの変更が反映されないなど違和感があったら、「qmakeの実行」を試してほしい。
　モバイル向けのときにはデバイス（エミュレータを含む）への転送があるが、実際には転送と実行が1つのコマンドになっていたり別々だったりデバイス用のパッケージファイル作成も同時に動いたりもする。
　この後、各プラットフォームでのビルド方法を解説するが、対象のプロジェクトは本章で作成したHello Worldを想定している。パスなどは適宜読み替えてほしい。
　なお、iOS向けは実機が筆者の手元にないため、シミュレータでの方法のみの紹介となる。実機での実行も近い手順になると思われるため、参考になるかもしれない。

3.5.1　qmakeについて

　qmakeはproファイルからコンパイラなどの情報を記述したMakefileを作成する。qmakeには引数（-spec）で指定した情報に従ってターゲットプラットフォームごとに用意された設定を読

第3章　Hello Worldで準備運動

み込み、動作を切り替えることができる。そのため、pro ファイルにはコンパイラの情報など開発環境やターゲットプラットフォームに依存する情報を極力記述しなくて済む。つまり、開発者は環境の違いによる煩わしさから少なからず解放されているのだ。このような特性があるため、Windows の開発環境上でも Android アプリケーションをビルドするための Makefile などを作成できる。

　余談だが、モバイル用だと少し勘違いしてしまいそうになるが、qmake 自体は開発環境の Windows や Linux、macOS で動作するものであり、モバイル機器上では動作しない。モバイル用の Qt に同梱されている Qt ライブラリが、モバイル機器上で動作するバイナリだ。

3.5.2　Windows でデスクトップ向け

　Windows では最初に Visual Studio の設定を行うバッチファイルを1度だけ実行してから作業に入る。また、Qt のコマンドなどが保存されているフォルダへのパスを通す。その後、コマンドプロンプトを閉じるなど設定が破棄されるまでの再度ビルドは、qmake.exe や jom.exe からでよい。

　作業用のフォルダをプロジェクトのフォルダとは別に作成するシャドウビルドという手法で実施する。この手法は、Qt Creator の初期設定にもなっており、プロジェクトのフォルダを .obj ファイルなどで散らかさずに済む。

　なお、32bit 環境のときは、vcvarsall.bat に指定するパラメータを x86 に変更する。

```
環境変数の設定
>"c:¥Program Files (x86)¥Microsoft Visual Studio 14.0"^
"¥vc¥vcvarsall.bat" x86_amd64
>set PATH=%PATH%;c:¥Qt¥5.10.0¥msvc2015_64¥bin;c:¥Qt¥Tools¥QtCreator¥bin

作業フォルダの作成
>mkdir build-HelloWorld-x64
>cd build-HelloWorld-x64

ビルド
>qmake.exe ..¥HelloWorld¥HelloWorld.pro
>jom.exe -f Makefile.Release

パッケージ作成
>windeployqt.exe .¥release¥HelloWorld.exe --qmldir ..¥HelloWorld

実行
>release¥HelloWorld.exe
```

※パスなどの設定は環境に合わせて読み替えること。

3.5.3　Windows で UWP 向け

　通常のデスクトップアプリケーションと同様、UWP 向けのアプリケーションのビルドも Visual Studio の設定から行う。なお、Qt のパス設定が UWP 用になっているので注意すること。

ビルド完了後、windeployqt.exe コマンドで実行に必要なライブラリを集めてから、winrtrunner.exe でアプリケーションを起動する。UWP 向けのアプリケーションはエクスプローラーからのダブルクリックでは起動できない。

```
環境変数の設定
>"c:¥Program Files (x86)¥Microsoft Visual Studio 14.0"^
"¥vc¥vcvarsall.bat" x86_amd64
>set PATH=%PATH%;c:¥Qt¥5.10.0¥winrt_x64_msvc2015¥bin
>set PATH=%PATH%;c:¥Qt¥Tools¥QtCreator¥bin

作業フォルダの作成
>mkdir build-HelloWorld-winrt_x64
>cd build-HelloWorld-winrt_x64

ビルド
>qmake.exe ..¥HelloWorld¥HelloWorld.pro
>jom.exe -f Makefile.Release

パッケージ作成
>windeployqt.exe .¥release¥HelloWorld.exe --qmldir ..¥HelloWorld

アプリケーションの実行
>winrtrunner.exe --profile appx --device 0 --install --start -stop ^
--wait 0 .¥release¥HelloWorld.exe
```

※パスなどの設定は環境に合わせて読み替えること。

3.5.4 Windows で Android 向け

Android 向けのビルドをするときは、環境変数を設定してから qmake と mingw32-make.exe コマンドを実行する。

ビルド後にテンポラリフォルダへ必要なファイルを「mingw32-make.exe install」でコピーし、その中で Android アプリケーション用の配布パッケージである apk ファイルを作成する。androiddeployqt.exe コマンド（詳細は「6.4 Android では」参照）が、apk ファイルを作成してデバイスへ転送する。Qt Creator を使用するときは、デプロイもしくは実行を選択するタイミングで androiddeployqt.exe コマンドが実行される。

デバイス上でのアプリケーションの実行は、Android SDK に付属する adb コマンドを使用して端末上の am コマンドを間接的に実行することでアプリケーションを起動する。引数に AndroidManifest.xml で設定しているパッケージ名と Activity のクラス名を指定する。

なお、Android 向けのアプリケーションのビルドには AndroidManifest.xml などのファイルが必要になるため、まずは Qt Creator でビルドできる状態にすることをお勧めする。必要なファイルの作成方法は「6.4 Android では」を参照してほしい。

```
環境変数の設定
>set PATH=%PATH%;c:¥Qt¥5.10.0¥android_armv7¥bin
>set PATH=%PATH%;c:¥Qt¥Tools¥mingw530_32¥bin
>set PATH=%PATH%;c:¥android¥android-sdk¥platform-tools
>set ANDROID_HOME=c:¥android¥android-sdk
>set ANDROID_NDK_HOST=windows-x86_64
>set ANDROID_NDK_PLATFORM=android-24
```

第3章　Hello Worldで準備運動

```
>set ANDROID_NDK_ROOT=c:¥android¥android-ndk-r14b
>set ANDROID_NDK_TOOLCHAIN_PREFIX=arm-linux-androideabi
>set ANDROID_NDK_TOOLCHAIN_VERSION=4.9
>set ANDROID_NDK_TOOLS_PREFIX=arm-linux-androideabi
>set ANDROID_SDK_ROOT=c:¥android¥android-sdk
>set JAVA_HOME=c:¥Program Files¥Java¥jdk1.8.0_151

作業フォルダの作成
>mkdir build-HelloWorld-android_arm
>cd build-HelloWorld-android_arm

ビルド
>qmake.exe ..¥HelloWorld¥HelloWorld.pro -spec android-g++
>mingw32-make.exe

デバイスIDの確認
>adb devices
List of devices attached
DEVICE_ID device

パッケージの作成とデバイスへ転送
>mingw32-make.exe INSTALL_ROOT=.¥android-build install
>androiddeployqt.exe ^
--input .¥android-libHelloWorld.so-deployment-settings.json ^
--output .¥android-build --deployment bundled --gradle ^
--android-platform android-24 ^
--jdk "C:/Program Files/Java/jdk1.8.0_151" ^
--sign ..¥HelloWorld¥helloworld.keystore helloqt ^
--storepass STOREPASS --keypass KEYPASS ^
--reinstall --device DEVICE_ID

デバイスで実行
>adb shell am start -n ^
tech.relog.helloworld/org.qtproject.qt5.android.bindings.QtActivity
```

※パスなどの設定は環境に合わせて読み替えること。

　Android 向けアプリケーションをビルドするときの make コマンドは、Qt と同時にインストールされる MinGW 5.3.0 を使用するため mingw32-make.exe となる。jom.exe や nmake は使用しない。

　JDK の場所はパラメータで指定するが、他のバージョンが既にインストールされているとうまくビルドできないことがあるようなので、JAVA_HOME をあえて設定する。

　証明書ファイル（*.keystore）はあらかじめ作成しておくか、「--sign」以降を削除する。証明書を指定しなかった場合はデバッグ用の証明書でサインされる。

3.5.5　Linux でデスクトップ向け

　Linux でデスクトップ向けのビルドは以下のとおりだ。Ubuntu などシステムに標準で Qt がインストールされている環境のときは、パスの設定で使用したいフォルダが優先されるようにすること。

```
環境変数の設定
$ export PATH=~/Qt/5.10.0/gcc_64/bin:$PATH
```

44

```
作業フォルダの作成
$ mkdir build-HelloWorld
$ cd build-HelloWorld

ビルド
$ qmake ../HelloWorld/HelloWorld.pro
$ make

アプリケーションの実行
$ ./HelloWorld
```

3.5.6　Linux で Android 向け

　Android 向けのビルドをするときは、環境変数を設定してから qmake と make コマンドを実行する。

　ビルド後にテンポラリフォルダへ必要なファイルを「make install」でコピーし、その中で Android アプリケーション用の配布パッケージである apk ファイルを作成する。androiddeployqt コマンド（詳細は「6.4 Android では」参照）は apk ファイルを作成してデバイスへ転送する。Qt Creator を使用したときは、デプロイもしくは実行を選択したタイミングで androiddeployqt コマンドが実行される。

　デバイスでのアプリケーションの実行は、Android SDK に付属する adb コマンドを使用して端末上の am コマンドを間接的に実行することでアプリケーションを起動する。引数に Android Manifest.xml で設定しているパッケージ名と Activity のクラス名を指定する。

　なお、Android 向けのアプリケーションのビルドには「AndroidManifest.xml」などのファイルが必要になるため、まずは Qt Creator でビルドできる状態にすることをお勧めする。必要なファイルの作成方法は「6.4 Android では」を参照してほしい。

　証明書ファイル（*.keystore）はあらかじめ作成しておくか、「–sign」以降を削除する。証明書を指定しなかった場合はデバッグ用の証明書でサインされる。

```
環境変数の設定
$ export PATH=~/Qt/5.10.0/android_armv7/bin:$PATH
$ export PATH=~/android/android-sdk/platform-tools:$PATH
$ export ANDROID_HOME=~/android/android-sdk
$ export ANDROID_NDK_HOST=linux-x86_64
$ export ANDROID_NDK_ROOT=~/android/android-ndk-r14b
$ export ANDROID_NDK_TOOLCHAIN_PREFIX=arm-linux-androideabi
$ export ANDROID_NDK_TOOLCHAIN_VERSION=4.9
$ export ANDROID_NDK_TOOLS_PREFIX=arm-linux-androideabi
$ export ANDROID_SDK_ROOT=~/android/android-sdk
$ export JAVA_HOME=/usr/lib/jvm/java-8-openjdk-amd64

作業フォルダの作成
$ mkdir build-HelloWorld-android
$ cd build-HelloWorld-android

ビルド
$ qmake ../HelloWorld/HelloWorld.pro -spec android-g++
$ make

デバイスIDの確認
$ adb devices
List of devices attached
```

第3章 Hello Worldで準備運動

```
DEVICE_ID device

パッケージの作成とデバイスへ転送
$ make INSTALL_ROOT=./android-build install
$ androiddeployqt \
--input ./android-libHelloWorld.so-deployment-settings.json \
--output ./android-build --deployment bundled --reinstall \
--android-platform android-24 --gradle \
--jdk /usr/lib/jvm/java-8-openjdk-amd64 --device DEVICE_ID \
--sign ../HelloWorld/helloworld.keystore helloqt \
--storepass STOREPASS --keypass KEYPASS

デバイスで実行
$ adb shell am start -n \
tech.relog.helloworld/org.qtproject.qt5.android.bindings.QtActivity
```

※パスなどの設定は環境に合わせて読み替えること。

3.5.7 macOSでデスクトップ向け

macOSでは特別な設定は不要で以下のとおりだ。

```
環境変数の設定
$ export PATH=~/Qt/5.10.0/clang_64/bin:$PATH

作業フォルダの作成
$ mkdir build-HelloWorld
$ cd build-HelloWorld

ビルド
$ qmake ../HelloWorld/HelloWorld.pro
$ make

アプリケーションの実行
$ open HelloWorld.app
```

3.5.8 macOSでiOS向け（シミュレータ）

iOS用のアプリケーションの実行には、XcodeのCommand Line Toolsに含まれるxcrunコマンドを使用する。

シミュレータの場合は、デバイスIDを調べてから転送・実行とコマンドを分けて実行する。

```
環境変数の設定
$ export PATH=~/Qt/5.10.0/ios/bin:$PATH

作業フォルダの作成
$ mkdir build-HelloWorld-ios
$ cd build-HelloWorld-ios

ビルド
$ qmake ../HelloWorld/HelloWorld.pro
$ make release-simulator

シミュレータのデバイスIDを調べる
$ xcrun simctl list devices
```

```
シミュレータの起動
$ xcrun instruments -w DEVICE-ID

シミュレータへ転送
$ xcrun simctl install DEVICE-ID Release-iphonesimulator/HelloWorld.app/

シミュレータで実行
$ xcrun simctl launch DEVICE-ID aaaaaaaaa.HelloWorld
```

※パスなどの設定は環境に合わせて読み替えること。

　実行時にデバイス ID の後ろに指定している文字列は、qmake を実行すると作成される Info.plist というファイルに記載されている CFBundleIdentifier だ。プロジェクト名の前に適当な文字列を勝手に付けられてしまうが、シミュレータであれば問題ないだろう。実機で開発する場合は、この Info.plist をあらかじめ用意する必要がある。

3.5.9　macOS で Android 向け

　Android 向けのビルドをするときは、環境変数を設定してから qmake と make コマンドを実行する。

　ビルド後にテンポラリフォルダへ必要なファイルを「make install」でコピーし、その中で Android アプリケーション用の配布パッケージである apk ファイルを作成する。androiddeployqt コマンド（詳細は「6.4 Android では」参照）は apk ファイルを作成してデバイスへ転送する。Qt Creator を使用したときは、デプロイもしくは実行を選択したタイミングで androiddeployqt コマンドが実行される。

　デバイスでのアプリケーションの実行は、Android SDK に付属する adb コマンドを使用して端末上の am コマンドを間接的に実行することでアプリケーションを起動する。引数に AndroidManifest.xml で設定しているパッケージ名と Activity のクラス名を指定する。

　なお、Android 向けのアプリケーションのビルドには「AndroidManifest.xml」などのファイルが必要になるため、まずは Qt Creator でビルドできる状態にすることをお勧めする。必要なファイルの作成方法は「6.4 Android では」を参照してほしい。

```
環境変数の設定
$ export PATH=~/Qt/5.10.0/android_armv7/bin:$PATH
$ export PATH=~/android/android-sdk/platform-tools:$PATH
$ export ANDROID_HOME=~/android/android-sdk
$ export ANDROID_NDK_HOST=darwin-x86_64
$ export ANDROID_NDK_ROOT=~/android/android-ndk-r14b
$ export ANDROID_NDK_TOOLCHAIN_PREFIX=arm-linux-androideabi
$ export ANDROID_NDK_TOOLCHAIN_VERSION=4.9
$ export ANDROID_NDK_TOOLS_PREFIX=arm-linux-androideabi
$ export ANDROID_SDK_ROOT=~/android/android-sdk
$ export JAVA_HOME=/Library/Java/JavaVirtualMachines\
/jdk1.8.0_151.jdk/Contents/Home

作業フォルダの作成
$ mkdir build-HelloWorld-android
$ cd build-HelloWorld-android
```

第3章 Hello Worldで準備運動

```
ビルド
$ qmake ../HelloWorld/HelloWorld.pro -spec android-g++
$ make

デバイスIDの確認
$ adb devices
List of devices attached
DEVICE_ID device

パッケージの作成とデバイスへ転送
$ make INSTALL_ROOT=./android-build install
$ androiddeployqt \
--input ./android-libHelloWorld.so-deployment-settings.json \
--output ./android-build/ --deployment bundled --gradle \
--reinstall --android-platform android-24 \
--jdk /Library/Java/JavaVirtualMachines\
/jdk1.8.0_151.jdk/Contents/Home/ \
--device DEVICE_ID \
--sign ../HelloWorld/helloworld.keystore helloqt \
--storepass STOREPASS --keypass KEYPASS

デバイスで実行
$ adb shell am start -n \
tech.relog.helloworld/org.qtproject.qt5.android.bindings.QtActivity
```

※パスなどの設定は環境に合わせて読み替えること。

3.6 UWPアプリケーションの注意事項

UWP向けのアプリケーションを作成する場合に注意事項がある。

UWPでもAndroidのように配布対象のOSバージョンが指定可能になっている。そのため、そのバージョン設定をプロジェクト設定ファイル（*.pro）へリスト3.3のように追加する。

●リスト3.3 プロジェクト設定ファイル（*.pro）にUWPの設定追加例

```
WINRT_MANIFEST.minVersion = 10.0.10240.0
WINRT_MANIFEST.maxVersionTested = 10.0.16229.0
```

Qtがビルド時に環境変数（UCRTVERSION）に設定されたバージョン番号を使用しているのだが、これは現在開発環境にインストールされているWindows 10 SDKの最新対応バージョンが設定されてしまうため、注意が必要だ。Windows 10 SDKのバージョンを変更すると、意図せずターゲットバージョンが変更されてしまうことになる。

なお、指定したバージョン番号以降のOSで使用する分には問題はない。最新のWindowsのAPIを使用してアプリケーションの開発ができないだけ。Qtのアプリケーションの場合はそもそも直接WindowsのAPIを触ることは少ないため、大きな問題にはならないだろう。

開発時の注意点として「minVersion」と「maxVersionTested」に食い違いがある場合、必ず「minVersion」がインストールされているPCでの確認が必要となる。もし、「minVersion」で指定したバージョンのときに存在しないAPIを使用していると問題が発生してしまうためだ。

48

ちなみに、Windows 10 の最新バージョンが配布され始めたタイミングに、開発 PC のアップデートが間に合っていない状態で Windows 10 SDK のみ新しくなると、開発 PC ですら起動できないアプリケーションができあがることになる。

●表3.3　設定できるバージョン番号

バージョン番号	説明
10.0.16229.0	Windows 10 Fall Creators Update（2017/10）
10.0.15063.0	Windows 10 Creators Update（2017/3）
10.0.14393.0	Windows 10 Anniversary Update（2016/7）
10.0.10586.0	Windows 10 November Update（2015/11）
10.0.10240.0	Windows 10（First release）

第4章

Qt Quick Controls 2

本章では、Qt 5.1 から本格的に導入された Qt Quick Controls（以下、Controls 1）がさらに進化した、Qt Quick Controls 2（以下、Controls 2）について解説する。Qt Quick Controls とは、ボタンやチェックボックスなどアプリケーションを作成するときに使用する基本的な部品がまとめられたモジュールだ。Controls 1 が導入される以前はボタンを使用したいときもデザインから各自で実装する必要があったが、基本的な機能がセットになって利用できるようになった。

本書ですべてのエレメントを解説することはできないため、基本的なものをピックアップする。

第4章　Qt Quick Controls 2

4.1　どのようなものがあるか

　具体的な解説に入る前にサンプルを紹介する。サンプルを動かすと基本的なエレメントを確認できる。

　サンプルで使用されているエレメントも含めて一覧は第7章を参照してほしい。

　まず、サンプルの保存フォルダは、以下のとおりだ。

　　　サンプルフォルダ：Qt/Examples/Qt-5.10.0/qtquickcontrols2/

　このフォルダの中には、Qt Quick Controls 2関連のサンプルとして、複数のプロジェクト（グループ）が用意されている。それぞれのプロジェクトでテーマに沿ったサンプルアプリケーションを試せる。

●表 4.1　Qt Quick コントロールのサンプル紹介

プロジェクト	内容
chattutorial	メッセンジャーアプリをイメージしたサンプル チュートリアル形式になっており、公式サイトに解説がある https://doc.qt.io/qt-5/qtquickcontrols2-chattutorial-example.html
contactlist	連絡帳をイメージしたサンプル 一覧への登録もできる
flatstyle	フラットスタイルのサンプル
gallery	Qt Quick Controls 2 で利用できる機能を紹介するサンプル ドロワー形式で機能を選択する形式
sidepanel	画面が縦長（Landscape）か横長（Portrait）かでドロワーメニューの表示を切り替えるサンプル 縦長のときは左からのスワイプで表示し、横長のときは常に表示
swipetoremove	リストからアイテムをスワイプ（左へ）すると削除するサンプル 一定時間の間、操作のキャンセル待ちをする機能あり
texteditor	テキストエディタのサンプル 書式指定やハイパーリンクなども設定できる
wearable	ウェアラブルデバイスをイメージしたサンプル

　表 4.1 の中から「gallery」と「swipetoremove」というサンプルアプリケーションのスクリーンショットを図 4.1 と図 4.2 で紹介する。「gallery」のように単純に機能を紹介するだけのものから「swipetoremove」のように実践的なものもある。それ以外にもいくつかサンプルプロジェクトがあるため、ぜひ試してほしい。

● 図 4.1　サンプル gallery のスクリーンショット

● 図 4.2　サンプル swipetoremove のスクリーンショット

4.2　ボタン

　Controls 2 としていくつか提供されているボタンについて解説する。その中でも Button エレメントは、基本的なエレメントで表示する文字列を指定してクリックしたときに発行されるシグナルを実装するだけの簡単仕様だ。

　サンプルでは、一般的なボタンとしての使用方法に加えてトグルボタン・アイコン付きボタンとしての使用方法や、他のボタン関連エレメントの使用方法を解説する。

　　サンプルプロジェクト：Chapter4 → ButtonExample

第4章　Qt Quick Controls 2

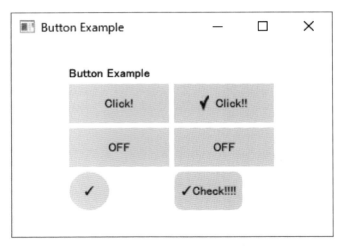

●図4.3　Buttonエレメントのサンプル

●リスト4.1　Buttonエレメントのサンプル

```
import QtQuick 2.10
import QtQuick.Controls 2.3
import QtQuick.Layouts 1.3

ApplicationWindow {
  visible: true
  width: 320
  height: 200
  title: "Button Example"

  //ボタンなどを縦に並べる
  GridLayout {
    anchors.centerIn: parent
    columns: 2

    //テスト用の文字列を表示
    Label {
      id: message
      text: "Button Example"
      Layout.columnSpan: 2
    }

    //通常のボタン　[1]
    Button {
      //ボタンの文字列
      text: "Click!"
      //クリックしたらテキストの表示を変更
      onClicked: message.text = "Click!"
    }

    //アイコン付きのボタン　[2]
    Button {
      //アイコン画像を設定
      icon.source: "check.png"
      //アイコンとテキストの表示組み合わせ設定
      display: AbstractButton.TextBesideIcon
      //ボタンの文字列
      text: "Click!!"
      //クリックしたらテキストの表示を変更
```

54

```
                onClicked: message.text = "Click!!"
            }

            //トグルボタン [3]
            Button {
                //現在の状態をテキストで表示
                text: checked ? "ON" : "OFF"
                //トグルボタンにする
                checkable: true
                //チェック状態が変化したらテキスト表示を変更
                onToggled: message.text = "Toggle!"
            }

            //ディレイボタン [4]
            DelayButton {
                //ボタンの文字列
                text: checked ? "ON" : "OFF"
                //状態変化が確定したらテキスト表示を変更
                onActivated: message.text = "Activate!"
            }

            //角丸ボタン [5]
            RoundButton {
                //ボタンの文字列
                text: "\u2713"
                //クリックしたらテキストの表示を変更
                onClicked: message.text = text
            }

            //角丸ボタン [6]
            RoundButton {
                //角丸の長さ
                radius: height * 0.2
                //ボタンの文字列
                text: "\u2713Check!!!!"
                //クリックしたらテキストの表示を変更
                onClicked: message.text = text
            }
        }
    }
```

4.2.1 通常のボタン（リスト 4.1 [1]）

　Button エレメントの一番基本的な使用方法だ。

　表示するメッセージを text プロパティに指定し、クリックしたときの動作を onClicked シグナルハンドラに指定する。リスト 4.1 [1] では Label エレメントの表示内容を変更している。

　ボタンの横幅は text プロパティに指定した文字列の長さに応じて自動的に変化する。Button エレメントとして推奨の横幅が定義されているため、文字列が短くても一定以下にはならない。

4.2.2 アイコン付きのボタン（リスト 4.1 [2]）

　アイコン用画像を設定する方法だ。icon.source プロパティに画像を指定すると、アイコンとテキストが表示される。display プロパティには以下の値が設定でき、アイコンとテキストを表示する組み合わせを変更できる。

55

- AbstractButton.IconOnly
- AbstractButton.TextOnly
- AbstractButton.TextBesideIcon

パスの指定は QML ファイルからの相対パスとなる。画像ファイルをリソースへ追加するのを忘れないように登録されていることを確認すること（図 4.4）。

● 図 4.4　アイコン画像のリソースへの登録

4.2.3　トグルボタン（リスト 4.1 [3]）

checkable プロパティを true にすることによって、トグルボタンとして利用可能だ。

リスト 4.1 では、状態が変化したときに動作する onToggled シグナルハンドラを使用した。これは checkable プロパティが true のときだけ利用できる。通常の onClicked シグナルハンドラも使用できるが、ここではシグナルハンドラの名前からも実装の意味が理解しやすい、onToggled シグナルハンドラを使用した。

4.2.4　ディレイボタン（リスト 4.1 [4]）

トグルボタンの機能拡張版とも言える DelayButton エレメントだ。checked プロパティが false から true になるときに、ボタンの長押しが必要となる。ちなみに、true から false のときには長押しは不要だ。

また、長押しの結果、状態が変化したときに動作する onActivated シグナルハンドラは、false から true が確定したときのみで、true から false のときは動作しない。

4.2.5　角丸ボタン（リスト 4.1 [5][6]）

RoundButton エレメントは Button エレメントを角丸にできるようにしたエレメントだ。radius プロパティに角丸の部分の半径を指定する。デフォルトでは、高さの半分になっており、表示するテキストの内容によっては円になる。ちなみに「\u2713」は Unicode でチェックマークを示しており、このような文字の指定方法も可能だ。

4.3 ラジオボタン

　Qt Quick Controlsがなかった頃、パッと作れと言われると少し考えてしまう程度には難しかったラジオボタンだが、今は非常に簡単だ。
　一般的なラジオボタンを使用して複数の項目から選択する方法を解説する。

　　サンプルプロジェクト： Chapter4 → RadioButtonExample

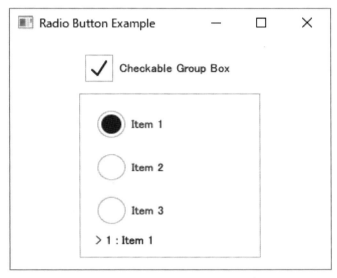

● 図 4.5　RadioButton エレメントのサンプル

●リスト 4.2　RadioButton エレメントのサンプル

```
import QtQuick 2.10
import QtQuick.Controls 2.3
import QtQuick.Layouts 1.3

ApplicationWindow {
  visible: true
  width: 320
  height: 240
  title: qsTr("Radio Button Example")

  //グループボックス
  GroupBox {
    anchors.centerIn: parent
    //タイトル [1]
    title: "Group Box"
    //チェック可能なグループボックス化
    label: CheckBox {
      id: check
      checked: true
      text: "Checkable Group Box"
    }

    //ラジオボタンをまとめるためのグループを定義 [2]
```

第4章　Qt Quick Controls 2

```
  ButtonGroup {
    id: group
  }

  //ラジオボタンを縦に並べる
  ColumnLayout {
    spacing: 5
    //GroupBoxのチェック状態で使用可不可を決める [3]
    enabled: check.checked

    //1つ目の項目
    RadioButton {
      property int num: 1          //識別用の番号
      text: "Item 1"               //表示する文字列
      ButtonGroup.group: group     //所属するグループの指定 [4]
      checked: true                //1つ目をデフォルト状態にする
    }
    //2つ目の項目
    RadioButton {
      property int num: 2          //識別用の番号
      text: "Item 2"               //表示する文字列
      ButtonGroup.group: group     //所属するグループの指定
    }
    //3つ目の項目
    RadioButton {
      property int num: 3          //識別用の番号
      text: "Item 3"               //表示する文字列
      ButtonGroup.group: group     //所属するグループの指定
    }

    //現在の選択項目を表示 [5]
    Label {
      text: " > %1 : %2".arg(group.checkedButton.num)
                        .arg(group.checkedButton.text)
    }
  }
 }
}
```

4.3.1　グループボックスのタイトル（リスト 4.2 [1][3]）

　基本的には title プロパティを使用するが、label プロパティを使用するとタイトル部分を任意にカスタマイズできる。

　リスト 4.2 [3]では、チェック状態に応じてラジオボタンを選択できたりできないようにしている。なお、GroupBox エレメント自体の enabled プロパティを false にしてしまうと、再びチェックをすることができなくなるため注意してほしい。

4.3.2　ラジオボタンの概要（リスト 4.2 [2][4]）

　ラジオボタンは、RadioButton エレメントと ButtonGroup エレメントを組み合わせて使用する。ラジオボタンは複数の項目をグルーピングする必要があるためだ。

　グルーピングしたい RadioButton エレメントに ButtonGroup.group アタッチプロパティを追加して、ButtonGroup エレメントの id を指定する（リスト 4.2 [4]）。つまり、複数の選択グループがあるときは、ButtonGroup エレメントをグループと同じ数だけ配置することになる。

58

4.4 メニュー

ちなみに、GroupBox エレメントの中に入れる必要はない。あくまでも外観の問題であり、機能的に何か影響することはない。1つの GroupBox エレメントの中に複数のグループを入れても構わないが、ユーザーにとってわかりやすいかが問題だ。

4.3.3 現在の選択項目の取得（リスト4.2 [5]）

ButtonGroup エレメントの checkedButton プロパティを使用すると現在選択中のエレメントにアクセスできる。「checkedButton.text」とすると RadioButton エレメントの text プロパティを取得できる。標準のプロパティだけでなく独自に追加したプロパティも利用可能だ。

なお、選択している項目が変更されたタイミングで何か処理をしたい場合は、onCheckedButtonChanged シグナルハンドラを使用する。

4.4 メニュー

デスクトップアプリケーションでは定番となるメニューの使用方法を解説する。実は Controls 2 では Qt 5.10 からの新機能だ。もともと Controls 2 がタッチパネルでの操作を強く意識していたと思われるため、画面横から現れるドロワータイプのメニューが Controls 2 のリリース初期から提供されていた。しかし、Qt 5.10 からは Controls 1 で提供されていたウインドウ上部に表示されるメニューが Controls 2 のデザインで復活した。ただし、プラットフォーム特有の設計は含まれないため、macOS でもウインドウ上部に表示される[注1]。

さて、サンプルでは以下の内容を確認する。

- メニューの表示位置
- メニューの組み立て
- ショートカットキーの設定
- アイコンの表示
- コンテキストメニューの表示
- メニューの動的な追加

サンプルプロジェクト：Chapter4 → MenuExample

注1) もし、macOS 形式のメニューを使用したい場合は、「Qt.labs.platform」のエレメントを使用する。

59

第4章　Qt Quick Controls 2

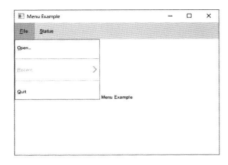

● 図4.6　メニューのサンプル

●リスト4.3　メニューのサンプル

```
import QtQuick 2.10
import QtQuick.Controls 2.3
import QtQuick.Layouts 1.3
import QtQml 2.2

ApplicationWindow {
  visible: true
  width: 480
  height: 320
  title: qsTr("Menu Example")

  //メニューバーを作成
  menuBar: MenuBar {
    //1つ目のメニュー
    Menu {
      //メニューのタイトル [1]
      title: "&File"
      //ファイルを開く
      Action {
        text: "&Open... "
        //ショートカットの設定 [2]
        shortcut: StandardKey.Open
        onTriggered: message.text = "Open!!"
      }
      //区切り線
      MenuSeparator {}
      //最近選択した項目
      Menu {
        id: recentItem
        title: "&Recent"
        //登録されるまで無効
        enabled: recentItemModel.count > 0
        //メニューの内容を別管理 [3]
        Instantiator {
          id: instantiator
          model: ListModel { id: recentItemModel } //[4]
          Action {
            text: model.text
            icon.source: model.icon
            onTriggered: message.text = "recent:%1".arg(text)
          }
          //modelへの追加・削除に連動して親のMenuに追加・削除 [5]
          onObjectAdded: recentItem.insertAction(index, object)
```

60

```
              onObjectRemoved: recentItem.takeAction(index)
          }
          //最近選択した項目へ登録する
          function insertRecentItem(action){
            message.text = action.text
            //Instantiatorのモデルへ追加 [6]
            recentItemModel.insert(0, {"text": action.text
                                    , "icon": action.icon.source + ""})
            //5つより多くなったら最後を1つ消す
            if(recentItemModel.count > 5){
              //Instantiatorのモデルから削除
              recentItemModel.remove(recentItemModel.count-1)
            }
          }
        }
        //区切り線
        MenuSeparator {}
        //アプリケーションを終了
        Action {
          text: "&Quit"
          shortcut: StandardKey.Quit
          onTriggered: Qt.quit()
        }
      }
      //2つ目のメニュー
      Menu {
        title: "&Status"
        //2階層目のメニュー
        Menu {
          title: "Character"
          Action {
            id: strawberry
            text: "Strawberry"
            //アイコンの設定 [7]
            icon.source: "strawberry.png"
            //最近使用した項目へ登録
            onTriggered: recentItem.insertRecentItem(strawberry)
          }
          Action {
            id: macaroon
            text: "Macaroon" + "_"+ counter
            //アイコンの設定
            icon.source: "macaroon.png"
            //最近使用した項目へ登録
            onTriggered: {
              recentItem.insertRecentItem(macaroon)
              counter++
            }
            property int counter: 0
          }
          Action {
            id: rabbit
            text: "Rabbit"
            //アイコンの設定
            icon.source: "rabbit.png"
            //最近使用した項目へ登録
            onTriggered: recentItem.insertRecentItem(rabbit)
          }
        }
        //2階層目のメニュー2つ目
        Menu {
          title: "Place"
```

第4章　Qt Quick Controls 2

```
      //アクションをまとめるためのグループを定義
      ActionGroup { id: actionGroup }
      Action {
        text: "Farm"                //表示する文字列
        checkable: true             //チェックできるように設定
        ActionGroup.group: actionGroup
      }
      Action {
        text: "Pastry"              //表示する文字列
        checkable: true             //チェックできるように設定
        ActionGroup.group: actionGroup
      }
      Action {
        text: "Park"                //表示する文字列
        checkable: true             //チェックできるように設定
        ActionGroup.group: actionGroup
      }
    }
  }
}

//コンテキストメニュー [8]
Menu {
  id: contextMenu
  Action {
    text: "&Copy"
    onTriggered: message.text = text
  }
  Action {
    text: "&Paste"
    onTriggered: message.text = text
  }
}

//クリックエリア
MouseArea {
  anchors.fill: parent
  acceptedButtons: Qt.RightButton     //右クリックのみ
  //コンテキストメニューをポップアップ [9]
  onClicked: contextMenu.popup(parent)
}

//テスト用の文字列を表示
Label {
  id: message
  anchors.centerIn: parent
  text: "Menu Example"
}
}
```

4.4.1　メニューの表示位置

表示位置には以下の2つだ。

- ウインドウ上部（macOS でも同じ）
- ウインドウ内の任意の場所（コンテキストメニュー）

62

ウインドウ上部のメニューバーに表示するときは、MenuBarエレメントを起点にしてMenuエレメントとActionエレメントで定義する。

任意の場所に表示するメニューでは、MenuエレメントとActionエレメントだけで定義する。基本的な使用方法はメニューバーのときと同様で、異なるのは表示させるきっかけだ。

4.4.2 メニューの組み立て

アプリケーションのメニューは通常階層構造になっている。Qt QuickでもMenuエレメントを入れ子にすることで階層構造を作れる。リスト4.3の階層が見やすいようにエレメントだけ取り出して整理すると、次のように入れ子になっているのがわかる。Menuエレメントの中にActionエレメントと一緒にMenuエレメントを配置するだけだ。階層の深さについての制限はないようだが使い勝手の問題もあるため常識的な範囲にとどめるべきだろう。

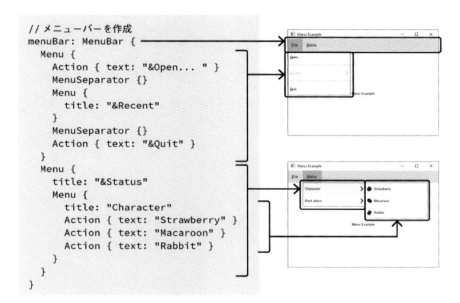

4.4.3 ショートカットキーの設定（リスト4.3 [2]）

メニューの項目に使用するActionエレメントには、ショートカットキーの設定ができる。設定方法は、Qtで定義済みの列挙型（QKeySequence::StandardKey）を使用する。アプリケーションで使用頻度の高いものがあらかじめ定義されている。この値を使用して以下（リスト4.3 [2]）のように「StandardKey.～」の形で指定すれば、プラットフォームごとの違いを気にする必要がなくなる。

```
Action {
  text: "&Open... "
  //ショートカットの設定 [2]
  shortcut: StandardKey.Open
```

定義済みのショートカットキーで代表的なものを表4.2で紹介する。

●表4.2　定義済みのショートカットキーの代表例

定数	説明
AddTab	タブの追加
Close	タブやドキュメントを閉じる
Copy	コピー
Cut	切り取り
Find	ドキュメント内を検索
FindNext	次を検索
MoveToEndOfLine	カーソルを行の最後へ移動
MoveToStartOfLine	カーソルを行の先頭へ移動
New	新規作成
Open	開く
Paste	貼り付け
Quit	アプリケーションを終了
Save	ドキュメントを保存する
Undo	やり直し

　なお、公式ドキュメントによると Controls 1 のときと同様にキーの組み合わせを文字列で指定することもできるが、執筆時点では動作しないようである。ただ、今後修正されて使用できるはずなので簡単に紹介のみする。

　キーの組み合わせを文字列で指定するときは、以下のように「特殊キー名＋キー名」の形で指定する。文字列は大文字と小文字を区別しない。また、特殊キーとの組み合わせではなくアルファベット 1 文字でも構わない。

```
Action {
  shortcut: "Ctrl+S"
}
Action {
  shortcut: "Shift+E"
}
Action {
  shortcut: "M"  //実質、小文字のm
}
```

　特殊キーとして指定できる名称は表4.3 のとおりだ。macOS の「Command」は「Ctrl」として記述する点に注意が必要である。

●表4.3　ショートカットとして使用できる特殊キー名称

文字列	説明
Ctrl	Ctrl キー（Windows・Linux では） Command キー（macOS では）
Shift	Shift キー
Alt	Alt キー（Windows・Linux のみ）
Meta	Meta キー Ctrl キー（macOS では）

　ちなみに、複数のキーの組み合わせも指定できる。

```
Action {
  shortcut: "Ctrl+Shift+S"        //CtrlとShiftとSの同時押し
}
Action {
  shortcut: "Shift+E,Shift+C"    //Shift→E→Cの順に押していく
}
```

4.4.4　アイコンの表示 (リスト 4.3 [7])

　ボタンのときと同様、icon.source プロパティでアイコンを表示できる。ただし、カラー画像を指定してもシルエットしか表示されない。これは Qt Quick Controls 2 標準のデザインに合わせられるためだ。基本のデザインを崩さないようなアイコン画像を用意しよう。ちなみに、後述するスタイルでフュージョンを選んでいるとカラーになる。

4.4.5　コンテキストメニューの表示 (リスト 4.3 [8][9])

　右クリックなどのユーザー操作に合わせて表示するコンテキストメニューも簡単に実装できる。表示したい Menu エレメントの popup メソッドを呼ぶだけで現在のマウスの位置に合わせて表示してくれるためだ。
　リスト 4.3 では、ウインドウ全体にマウス入力を受け付けるように MouseArea エレメントを定義し、右クリックを検知したらコンテキストメニューを表示する。

```
//コンテキストメニュー [8]
Menu {
  id: contextMenu
  Action {
    text: "&Copy"
    onTriggered: message.text = text
  }
  Action {
    text: "&Paste"
    onTriggered: message.text = text
  }
}

//クリックエリア
MouseArea {
  anchors.fill: parent
  acceptedButtons: Qt.RightButton    //右クリックのみ
  //コンテキストメニューをポップアップ [9]
  onClicked: contextMenu.popup(parent)
}
```

第4章 Qt Quick Controls 2

4.4.6　メニューの動的な追加（リスト 4.3 [3][4][5][6]）

アプリケーションの実行時にメニューの内容を変更することも、もちろんできる。リスト 4.3 は、最近開いたファイルの一覧を表示する機能を想定して選択したメニューの項目を記録する。

子供のメニューを登録するのは非常に簡単で insertAction() メソッドを使用するだけだ。ただし、Menu エレメントが管理する内容は、insertAction() メソッドの引数に指定する Action エレメントのオブジェクトの参照だ。そのため、メニューの内容は別で管理する必要がある。そこで、Instantiator エレメントと ListModel エレメントを組み合わせる（リスト 4.3 [3][4]）。

Instantiator エレメントは、model プロパティに登録された情報を元に自分の内側に定義したエレメントをテンプレートとしてエレメントを動的に生成する。そして、ListModel エレメントはメニューに表示する文字列などを管理する。

insertRecentItem() から追加するときに「text」と「img」という要素を登録するため（リスト 4.3 [6]）、テンプレートの Action エレメント内でメニュー項目の表示文字列（model.text）が使用できる。

Instantiator エレメントは Action エレメントのオブジェクトは作成するが、親の Menu エレメントへは登録しないため、onObjectAdded シグナルで Menu エレメントへ追加する（リスト 4.3 [5]）。onObjectAdded シグナルには以下のように定義されており、モデルの何番目に登録されているか、と Action エレメントのオブジェクトを取得できるため、Menu エレメントへの追加にそのまま利用できる。削除側も同様なためオブジェクトを使用して Menu エレメントから削除する。

- objectAdded(int index, QtObject object)
- objectRemoved(int index, QtObject object)

ここまでの流れを簡単に図にすると図 4.7 のようになる。

66

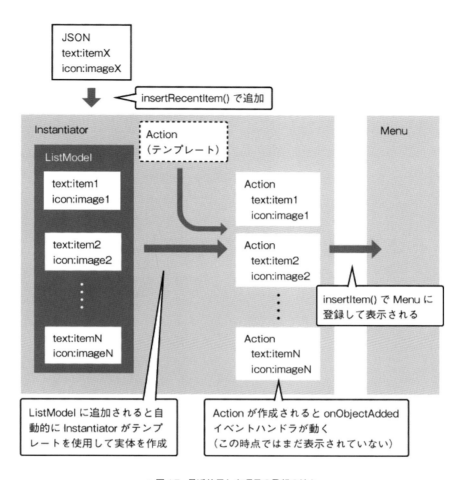

● 図 4.7 最近使用した項目の登録の流れ

4.5 スタイル

　前述したとおり、Controls 2 ではデザインが大きく変化した。世に出回っているアプリケーションでも「テーマ」といった表現でデザインを変更できるものもある。Controls 2 のスタイル機能を利用すれば、同様の機能をアプリケーションに盛り込める。なお、Controls 2 におけるスタイルとはデザインのコンセプトを表し、テーマは配色セットといった具体的な値という関係で、スタイルの中にテーマが含まれる形だ。

　実は、Controls 1 にもフラットスタイルが用意されていたが、Android を強く意識しており、メニューの動作がデスクトップアプリケーションではあまり馴染みのないものとなっていた。

　本書では、Controls 2 のスタイル（表 4.4 と図 4.8）を利用する方法を解説する。

●表 4.4 スタイル一覧

名称	説明
デフォルト（Default）	Qt Quick Controls 2 標準デザイン 最もシンプルで軽量な設計になっている

名称	説明
マテリアル（Material）	Google Material Design Guidelines[注2]に沿ったデザイン
ユニバーサル（Universal）	Microsoft Universal Design Guidelines[注3]に沿ったデザイン
フュージョン（Fusion）	デスクトップを意識したデザイン ただし、プラットフォームごとのデザインに合わせたものではなくQt独自の共通デザイン
イマジン（Imagine）	画像を使用してデザインするためのテンプレートデザイン 標準でも十分に利用可能なすっきりと爽やかなデザインとなっている

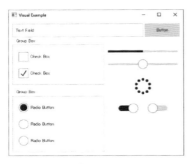
デフォルト

マテリアル

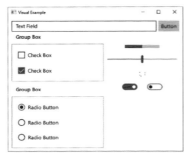
ユニバーサル

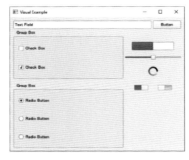
フュージョン

イマジン

● 図4.8　スタイルの比較

注2) 参考： https://material.io/guidelines/material-design/introduction.html
注3) 参考： https://developer.microsoft.com/en-us/windows/apps/design

4.5.1 スタイルのカスタマイズ可能部位の名称

これからスタイルの使用方法について解説するが、その前にマテリアルとユニバーサルとフュージョンを使用するときに色などの設定ができる部位について解説する。

4.5.1.1 マテリアルのとき

マテリアルのときの設定可能部位は、アクセント・プライマリー・前景・背景・高さの5カ所となる（図4.9と表4.5）。

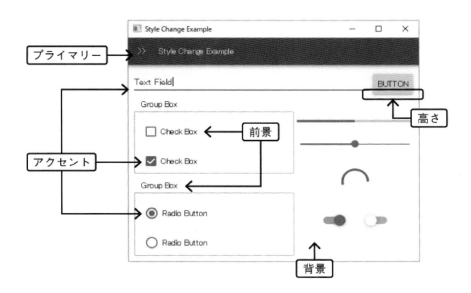

● 図4.9 マテリアルの設定部位

●表4.5 マテリアルの設定部位

部位	説明
アクセント（Accent）	チェックボックスならOnになっている状態を示す部分など、各エレメントの強調したい場所の色 テキストフィールドはフォーカスが当たっているときだけ、キャレットとアンダーラインがアクセントの色になる
プライマリー（Primary）	主にToolBarエレメントの背景色
前景（Foreground）	各エレメントのフォント色
背景（Background）	各エレメントの背景色 ただし、すべてのエレメントが背景を塗りつぶしているわけではなく、チェックボックスやグループボックスに指定しても無視される
高さ（elevation）	高さを指定 ボタンなど一部のエレメントのみで使用され、主に影で表現される

また、各設定部位などで利用できる色名が定義されている。色の値はテーマ（LightとDark）によって見やすく調整されている。

● 表 4.6　マテリアルの定義色

定義色名	色値（Light テーマ）	色値（Dark テーマ）	備考
Material.Red	#F44336	#EF9A9A	
Material.Pink	#E91E63	#F48FB1	アクセントのデフォルト
Material.Purple	#9C27B0	#CE93D8	
Material.DeepPurple	#673AB7	#B39DDB	
Material.Indigo	#3F51B5	#9FA8DA	プライマリーのデフォルト
Material.Blue	#2196F3	#90CAF9	
Material.LightBlue	#03A9F4	#81D4FA	
Material.Cyan	#00BCD4	#80DEEA	
Material.Teal	#009688	#80CBC4	
Material.Green	#4CAF50	#A5D6A7	
Material.LightGreen	#8BC34A	#C5E1A5	
Material.Lime	#CDDC39	#E6EE9C	
Material.Yellow	#FFEB3B	#FFF59D	
Material.Amber	#FFC107	#FFE082	
Material.Orange	#FF9800	#FFCC80	
Material.DeepOrange	#FF5722	#FFAB91	
Material.Brown	#795548	#BCAAA4	
Material.Grey	#9E9E9E	#EEEEEE	
Material.BlueGrey	#607D8B	#B0BEC5	

4.5.1.2　ユニバーサルのとき

ユニバーサルのときの設定可能部位は、アクセント・前景・背景の3カ所となる（図4.10と表4.7）。

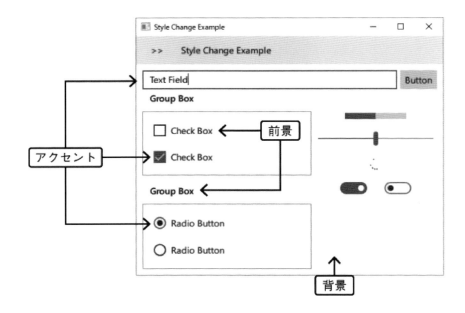

● 図 4.10　ユニバーサルの設定部位

●表 4.7　ユニバーサルの設定部位

部位	説明
アクセント（Accent）	チェックボックスなら On になっているチェックボックスなど、各エレメントの強調したい場所の色 テキストフィールドはフォーカスが当たっているときだけ、キャレットと枠がアクセントの色になる
前景（Foreground）	各エレメントのフォント色
背景（Background）	各エレメントの背景色 ただし、すべてのエレメントが背景を塗りつぶしているわけではなく、チェックボックスやグループボックスに指定しても無視される

　また、各設定部位などで利用できる色名が定義されている（表 4.8）。

●表 4.8　ユニバーサルの定義色

定義色名	色値	備考
Universal.Lime	#A4C400	
Universal.Green	#60A917	
Universal.Emerald	#008A00	
Universal.Teal	#00ABA9	
Universal.Cyan	#1BA1E2	
Universal.Cobalt	#3E65FF	アクセントのデフォルト
Universal.Indigo	#6A00FF	
Universal.Violet	#AA00FF	
Universal.Pink	#F472D0	
Universal.Magenta	#D80073	
Universal.Crimson	#A20025	
Universal.Red	#E51400	
Universal.Orange	#FA6800	
Universal.Amber	#F0A30A	
Universal.Yellow	#E3C800	
Universal.Brown	#825A2C	
Universal.Olive	#6D8764	
Universal.Steel	#647687	
Universal.Mauve	#76608A	
Universal.Taupe	#87794E	

4.5.1.3　フュージョンとデフォルトのとき

　フュージョンとして専用の設定可能部位というものはない。Control エレメントを継承するエレメントや Popup・ApplicationWindow エレメントなどが持っている palette プロパティで設定できる場所だ。つまり、デフォルトとフュージョンは同じ部位の色設定が可能ということだ。主な部位は図 4.11 と表 4.9 のとおりだ。なお、フュージョンにはスタイル独自の定義色もない。

第4章 Qt Quick Controls 2

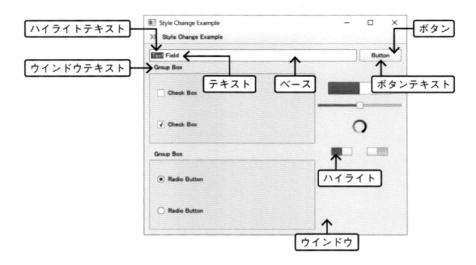

● 図 4.11　フュージョンの主な設定部位

●表 4.9　フュージョンの主な設定部位

部位	説明
ボタン	一般的なボタンの背景色
ボタンテキスト	ボタンの文字色
テキスト	エディットボックスなどの文字色
ハイライト	文字の選択部分やプログレスバーの強調部分などの色
ハイライトテキスト	選択状態の文字色
ウインドウ	ウインドウの背景色
ウインドウテキスト	ウインドウに直接配置される文字色
ベース	エディットボックスなどの背景色

4.5.1.4　イマジンのとき

　イマジンのときは、マテリアルなどのようにデザインを簡単にアレンジするような項目はない。イマジンは画像をベースとしたデザインのテンプレートであり、カスタムをするということは実質的にオリジナルスタイルを作成することとなるため、本書では具体的なカスタム方法は割愛する。興味のある方は以下の公式ドキュメントを読んでほしい。

　　　https://doc.qt.io/qt-5.10/qtquickcontrols2-imagine.html

　概要としては、ボタンなど各エレメントの各状態の画像ファイルを用意して特定のフォルダに保存し、後述する環境変数か設定ファイルでそのフォルダを指定する。画像ファイルはサイズ変更に対応するため、Android アプリケーションの開発で利用されている 9-patch 形式で作成する。

4.5.2 スタイルの変更方法

スタイルを変更するには表4.10の方法がある。それぞれできることと優先順位が決まっており、C++コードでの設定が最優先となる。

●表4.10 スタイルの設定方法

優先順位	方法	スタイルの選択	テーマや色の変更
1	C++コード	○	-
2	QMLコード	-	○
3	コマンドライン引数	○	-
4	環境変数	○	○
5	設定ファイル	○	○

4.5.2.1 C++コードでのスタイル設定

C++コードからスタイルを設定する方法を解説する。以下のサンプルプロジェクトで試してほしい。

サンプルプロジェクト: Chapter4 → StyleChangeExample → ChangeByCPP

スタイルの指定には、QQuickStyle::setStyle()を使用する。このクラスを使用するため、リスト4.4のようにプロジェクトファイル（*.pro）で「QT += quickcontrols2」が必要となる。

●リスト4.4 C++コードでQQuickStyleクラスを使用するときの*.pro

```
QT += qml quick quickcontrols2
```

具体的にQQuickStyle::setStyle()を記述する場所はmain.cppとなる。リスト4.5では、Materialスタイルを指定している。

なお、QQuickStyle::setStyle()に指定できる標準で用意されたスタイル名は以下の5つだ。

- Default
- Material
- Universal
- Fusion
- Imagine

●リスト4.5 C++コードでQQuickStyleクラスを使用するときのmain.cpp

```
#include <QGuiApplication>
#include <QQmlApplicationEngine>
#include <QtQuickControls2/QQuickStyle>

int main(int argc, char *argv[])
{
  QCoreApplication::setAttribute(Qt::AA_EnableHighDpiScaling);
  QGuiApplication app(argc, argv);

  QQuickStyle::setStyle("Material");
```

第4章 Qt Quick Controls 2

```
    QQmlApplicationEngine engine;
    engine.load(QUrl(QLatin1String("qrc:/main.qml")));

    return app.exec();
}
```

　本書では解説しないが、オリジナルスタイルを作成し使用するときは、リスト4.6のように
QQuickStyle::setFallbackStyle()と併用する。このメソッドで指定したスタイルが、オリジナル
スタイルで用意しないエレメントをカバーする。

●リスト 4.6　C++ コードでオリジナルスタイルを設定するとき

```
QQuickStyle::setStyle(":/mystyle");
QQuickStyle::setFallbackStyle("Material");
```

　標準デザインのDefaultを使用する場合は、基本的にQQuickStyle::setStyle()を使用した設定は
必要ない。しかし、この後に控えているコマンドライン引数や環境変数を使用すると、ビルド後
のアプリケーションでもスタイルが変更できてしまう。つまり、アプリケーション開発者の意志
とは関係なくスタイルを変更できることになる。もし、これを防止したいときは、リスト4.7の
ようにC++コードで常にDefaultを設定する。

●リスト 4.7　実行時のスタイル設定を防止する

```
QQuickStyle::setStyle("Default");
```

4.5.2.2　QML コードでのスタイル設定

　QMLコードでスタイル自体の変更はできないが、テーマと各所の色を設定できる。以下のサ
ンプルプロジェクトを試してほしい。

　　　　　　サンプルプロジェクト：Chapter4 → StyleChangeExample → CustomByQML

　スタイルに関連する設定は、リスト4.8のようにモジュールをインポートして行う。

●リスト 4.8　QML コードでスタイル設定 (マテリアルで Dark テーマ)

```
import QtQuick 2.10
import QtQuick.Controls 2.3
import QtQuick.Layouts 1.3
import QtQuick.Controls.Material 2.3

ApplicationWindow {
    visible: true
    width: 500
    height: 400
    title: qsTr("Style Change Example")

    Material.theme: Material.Dark
    Material.accent: Material.Red
```

74

リスト 4.8 はマテリアルのときに、テーマを Dark にし、アクセントの色を Red に設定している。スタイルに関連する設定はリスト 4.8 のようにアタッチプロパティで行う。

色については、以下のようにリテラルで指定もできるがお勧めしない。理由は、テーマを変更したときに文字などが見えづらくなる可能性があるからだ。定義済み色名（Material.Red など）を使用すれば、テーマに合わせて色合いが自動で調整されるため、テーマの切り替えに対して柔軟に対応できる。

```
Material.accent: "#ff0000"
```

利用できるスタイルはマテリアルだけではない。複数のスタイルに対応したいときはリスト 4.9 のように設定を同時に記述する。ただし、フュージョンの設定だけは注意が必要で、これは標準のスタイルにも影響してしまうため、QML ファイルでの設定はあまりお勧めできない。もし、設定したいときは「4.5.2.5 設定ファイルでのスタイル設定」で解説する方法がよいだろう。

●リスト 4.9　QML コードでスタイル設定（複数スタイルの同時設定）

```
import QtQuick 2.10
import QtQuick.Controls 2.3
import QtQuick.Layouts 1.3
import QtQuick.Controls.Material 2.3
import QtQuick.Controls.Universal 2.3

ApplicationWindow {
  visible: true
  width: 500
  height: 400
  title: qsTr("Style Change Example")

  //マテリアルの設定
  Material.theme: Material.Dark
  Material.accent: Material.Red
  //ユニバーサルの設定
  Universal.theme: Universal.Dark
  Universal.accent: Universal.Red
  //フュージョンの設定
  palette.button: "red"
```

お気づきだと思うが、このスタイルの設定は親のエレメントで指定した内容が子のエレメントにも反映される。これは、同一ファイル内だけでなく別ファイルにして作成している QML ファイルへも影響する。つまり、アプリケーションの一番親になるエレメント（リスト 4.8 やリスト 4.9 の例で言えば、ApplicationWindow エレメント）にだけ設定すれば、アプリケーション全体が足並みを揃えることになる。

もちろん、特定のエレメントだけアクセントの色を変更できる。例えば、リスト 4.10 のように特定の GroupBox エレメントの中だけアクセントの色を変えられる。

●リスト 4.10　QML コードでスタイル設定（特定のエレメントだけ設定変更）

```
GroupBox {
  id: groupBox2
  Layout.fillHeight: true
```

第4章 Qt Quick Controls 2

```
    Layout.fillWidth: true
    title: qsTr("Group Box")
    Material.accent: Material.Blue

    ColumnLayout {
      anchors.fill: parent

      RadioButton {
        text: qsTr("Radio Button")
        checked: true
      }

      //略

    }
  }
```

　各スタイルで設定できるプロパティは表4.11 ～表4.13 のとおりだ。

●表 4.11　スタイルで使用可能なプロパティ（マテリアル）

環境変数	説明
Material.theme	テーマを指定 ・Light（デフォルト） ・Dark ・System
Material.accent	アクセントの色（デフォルト：Pink）
Material.primary	プライマリーの色（デフォルト：Indigo）
Material.foreground	前景の色（デフォルト：テーマ固有）
Material.background	背景の色（デフォルト：テーマ固有）
Material.elevation	高さ（ボタンなど）（デフォルト：6）

●表 4.12　スタイルで使用可能なプロパティ（ユニバーサル）

環境変数	説明
Universal.theme	テーマを指定 ・Light（デフォルト） ・Dark ・System
Universal.accent	アクセントの色（デフォルト：Cobalt）
Universal.foreground	前景の色（デフォルト：テーマ固有）
Universal.background	背景の色（デフォルト：テーマ固有）

●表 4.13　スタイルで使用可能なプロパティ（フュージョンとデフォルト）

環境変数	説明
palette.alternateBase	交互に色替えをする行の色
palette.base	主にテキストエディットなどの背景色
palette.brightText	palette.windowText と対照的な色
palette.button	ボタンの色
palette.buttonText	palette.button が背景の文字色
palette.dark	palette.button よりも暗い色
palette.highlight	テキスト選択などハイライト色
palette.highlightedText	ハイライトしているテキストの色
palette.light	palette.button よりも明るい色
palette.link	ハイパーリンクの色
palette.linkVisited	利用したことのあるハイパーリンクの色
palette.mid	palette.button と palette.dark の間の色

環境変数	説明
palette.midlight	palette.button と palette.light の間の色
palette.shadow	最も暗い色
palette.text	palette.base と合わせて使用する文字色。大抵は palette.windowText と同じ色
palette.toolTipBase	ツールチップスの背景色
palette.toolTipText	ツールチップスの文字色
palette.window	ウインドウの背景色
palette.windowText	ウインドウの文字色

4.5.2.3 コマンドライン引数でのスタイル設定

アプリケーションの実行時に以下のように反映したいスタイル名を指定する。

```
>hoge.exe -style material
```

環境に関係なく（Windowsでも macOSでも）「-style NAME」の形式となる。
引数に指定できる名称は以下の4つである。文字の大小は無視される。

- Material
- Universal
- Fusion
- Imagine

なお、名称を間違えるとデフォルトのスタイルになる。そのため、以下のように指定して後述する環境変数や設定ファイルで指定しているスタイルを打ち消すこともできる。

```
>hoge.exe -style default
```

Qt Creator での開発で一時的にスタイルを指定したいときは、図4.12のようにプロジェクト設定で「実行：コマンドライン引数」に「-style <Name>」を指定する。

● 図 4.12　Qt Creator でコマンドライン引数の指定

第4章 Qt Quick Controls 2

4.5.2.4 環境変数でのスタイル設定

アプリケーションの実行前に環境変数を設定すると、以下のようにスタイルを指定できる。

● Windows では

```
>set QT_QUICK_CONTROLS_STYLE=material
>hoge.exe
```

● Ubuntu/macOS では

```
$ export QT_QUICK_CONTROLS_STYLE=material
$ ./hoge
```

環境変数ではスタイルの選択以外に色も指定できる。色の値（#AARRGGBB、#RRGGBB）か定義済み色名を使用する。定義済み色名は、「4.5.1.1 マテリアルのとき」の「表4.6 マテリアルの定義色」と「4.5.1.2 ユニバーサルのとき」の「表4.8 ユニバーサルの定義色」の内容が使用できる。

環境変数で使用できる項目は表4.14〜表4.17のとおりだ。

● 表4.14 スタイルで使用可能な環境変数（共通）

環境変数	説明
QT_QUICK_CONTROLS_STYLE	スタイルの名称かオリジナルスタイルのパス ・Material ・Universal ・:/mystyle
QT_QUICK_CONTROLS_STYLE_PATH	スタイルの検索パスの追加 複数設定するとき、Unix系は「:」Windowsは「;」で区切る
QT_QUICK_CONTROLS_FALLBACK_STYLE	オリジナルスタイルで定義されていないエレメントに対して使用するスタイルの名称
QT_QUICK_CONTROLS_CONF	「4.5.2.5 設定ファイルでのスタイル設定」で説明する設定ファイルのパス
QT_QUICK_CONTROLS_HOVER_ENABLED	ホバー効果を使用するか 0：なし、1：あり（デフォルト）

● 表4.15 スタイルで使用可能な環境変数（マテリアル）

環境変数	説明
QT_QUICK_CONTROLS_MATERIAL_THEME	テーマを指定 ・Light（デフォルト） ・Dark ・System
QT_QUICK_CONTROLS_MATERIAL_ACCENT	アクセントの色（デフォルト：Pink）
QT_QUICK_CONTROLS_MATERIAL_PRIMARY	プライマリーの色（デフォルト：Indigo）
QT_QUICK_CONTROLS_MATERIAL_FOREGROUND	前景の色（デフォルト：テーマ固有）
QT_QUICK_CONTROLS_MATERIAL_BACKGROUND	背景の色（デフォルト：テーマ固有）

● 表4.16 スタイルで使用可能な環境変数（ユニバーサル）

環境変数	説明
QT_QUICK_CONTROLS_UNIVERSAL_THEME	テーマを指定 ・Light（デフォルト） ・Dark ・System
QT_QUICK_CONTROLS_UNIVERSAL_ACCENT	アクセントの色（デフォルト：Cobalt）
QT_QUICK_CONTROLS_UNIVERSAL_FOREGROUND	前景の色（デフォルト：テーマ固有）

環境変数	説明
QT_QUICK_CONTROLS_UNIVERSAL_BACKGROUND	背景の色（デフォルト：テーマ固有）

●表4.17　スタイルで使用可能な環境変数（イマジン）

環境変数	説明
QT_QUICK_CONTROLS_IMAGINE_PATH	イマジンで使用する画像素材のパス 不足する内容は標準の画像が使用される ただし、技術的な都合でパスに「imagine」は使用できない

　Qt Creatorでの開発で一時的にスタイルを指定したいときは、図4.13のようにプロジェクト設定で「実行時の環境変数」で環境変数を登録する。

● 図4.13　Qt Creatorで環境変数の指定

4.5.2.5　設定ファイルでのスタイル設定

　設定ファイルとは、リソースに登録される「:/qtquickcontrols2.conf」のことだ。このファイルは、プロジェクトの新規作成で「Qt Quick Controls 2 アプリケーション」を選択すると、自動的に作成される（リスト4.11）。内容はiniファイルフォーマットとなっている。

●リスト4.11　設定ファイル（qtquickcontrols2.conf）の初期状態

```
[Controls]
Style=Default

[Universal]
Theme=Light
;Accent=Steel

[Material]
Theme=Light
;Accent=BlueGrey
;Primary=BlueGray
```

　設定ファイルではスタイルの選択以外に色の指定ができる。色の値（#AARRGGBB、#RRGGBB）か定義済み色名を使用する。定義済み色名は、「4.5.1.1 マテリアルのとき」の「表4.6 マテリアルの定義色」と「4.5.1.2 ユニバーサルのとき」の「表4.8 ユニバーサルの定義色」の内容が使用できる。

第4章　Qt Quick Controls 2

　設定できる項目は表4.18のとおりだ。

●表4.18　設定ファイルで使用可能な変数

セクション	パラメータ	説明
Controls	Style	スタイルの名称 ・Default ・Material ・Universal ・:/mystyle
Material	Theme	テーマを指定 ・Light（デフォルト） ・Dark ・System
	Accent	アクセントの色（デフォルト：Pink）
	Primary	プライマリーの色（デフォルト：Indigo）
	Foreground	前景の色（デフォルト：テーマ固有）
	Background	背景の色（デフォルト：テーマ固有）
Universal	Theme	テーマを指定 ・Light（デフォルト） ・Dark ・System
	Accent	アクセントの色（デフォルト：Cobalt）
	Foreground	前景の色（デフォルト：テーマ固有）
	Background	背景の色（デフォルト：テーマ固有）
Fusion Default	Palette\AlternateBase	交互に色替えをする行の色
	Palette\Base	主にテキストエディットなどの背景色
	Palette\BrightText	Palette\WindowText と対照的な色
	Palette\Button	ボタンの色
	Palette\ButtonText	Palette\Button が背景の文字色
	Palette\Dark	Palette\Button よりも暗い色
	Palette\Highlight	テキスト選択などハイライト色
	Palette\HighlightedText	ハイライトしているテキストの色
	Palette\Light	Palette\Button よりも明るい色
	Palette\Link	ハイパーリンクの色
	Palette\LinkVisited	利用したことのあるハイパーリンクの色
	Palette\Mid	Palette\Button と Palette\Dark の間の色
	Palette\Midlight	Palette\Button と Palette\Light の間の色
	Palette\Shadow	最も暗い色
	Palette\Text	Palette\Base と合わせて使用する文字色やチェックボックスのチェックマークなど。大抵は Palette\WindowText と同じ色
	Palette\ToolTipBase	ツールチップスの背景色
	Palette\ToolTipText	ツールチップスの文字色
	Palette\Window	ウインドウの背景色
	Palette\WindowText	ウインドウの文字色

　また、設定ファイルにはリスト4.12のようにフォントに関連する設定もできる。

●リスト4.12　設定ファイル（qtquickcontrols2.conf）でフォントの設定

```
[Default]
Font\Family=Meiryo UI
Font\PointSize=20

[Fusion]
```

```
Font\Family=MS Gothic
Font\PointSize=10
```

　リスト4.12は、標準のスタイルに対してフォントの種類とサイズを変更している。このように
フォントの設定は各スタイルに「Font\ ～」の形式で追加できる。なお、フォント名でスペース
が含まれるときにダブルクォートなどで囲う必要はない。
　設定できる項目は表4.19のとおりだ。

●表4.19　設定ファイルで使用可能な変数（フォント）

環境変数	説明
Family	フォント名
PointSize	ポイントサイズ
PixelSize	ピクセルサイズ
StyleHint	特定のサイズで描画の最適化に使用するフォント 使用可能な名称 SansSerif、Helvetica、Serif、Times、TypeWriter、Courier、OldEnglish、Decorative、Monospace、Fantasy、Cursive
Weight	太さ（0～99） 使用可能な名称（値） Thin (0)、ExtraLight (12)、Light (25)、Normal (50)、Medium (57)、DemiBold (63)、Bold (75)、ExtraBold (81)、Black (87)
Style	スタイル 使用可能な名称 StyleNormal、StyleItalic、StyleOblique

　この設定ファイルの読み込みにはファイルセレクター（QFileSelectorクラス[注4]）が使用されて
いるため、環境に応じて違う設定ファイルを適用することもできる。例えば、プラットフォーム
ごとや言語（と地域）ごとに設定を分けられる。
　具体的には、プラス記号で始まるフォルダを用意して「qtquickcontrols2.conf」を保存し、内容
を編集する。そして、リソースへ登録する。
　プラットフォームと言語（と地域）ごとに設定を変更したサンプルプロジェクトを用意した。

　　　サンプルプロジェクト：Chapter4 → StyleChangeExample → ChangeByConf

　リソースへ登録したときの例は図4.14のようになる。

注4) 参考：http://doc.qt.io/qt-5/qfileselector.html

第4章 Qt Quick Controls 2

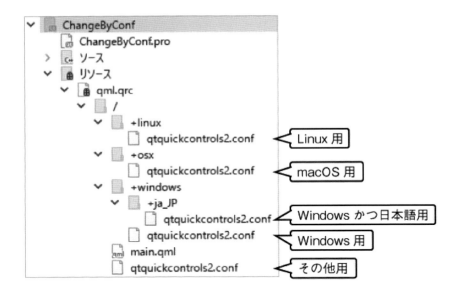

● 図4.14 環境ごとの設定ファイルをリソース登録した例

なお、以下のプラットフォーム名が利用できる。

- unix
- linux
- debian
- fedora
- opensuse
- android
- darwin
- ios
- osx
- mac
- windows
- wince

また、言語（と地域）名は「QLocale().name()」で取得できる値と同様である。以下にいくつか例を挙げる。

- ja_JP（日本語：日本）
- no_NO（ノルウェー語：ノルウェー）
- en_US（英語：アメリカ合衆国）
- de_DE（ドイツ語：ドイツ）

ところで、以下のように環境変数で外部の設定ファイルを使用することもできる。

● Windows では

```
>set QT_QUICK_CONTROLS_CONF=c:¥¥qtquickcontrols2.conf
>hoge.exe
```

● Ubuntu/macOS では

```
$ export QT_QUICK_CONTROLS_CONF=~/qtquickcontrols2.conf
$ ./hoge
```

4.5.2.6 設定の優先順位と反映結果

各設定方法で設定可能な項目が異なり、さらに優先順位もあるため、最終的にどの設定方法のどの項目が反映されるのかが、わかりにくいかもしれない。そのため、表4.20に設定内容と結果をまとめた。

同一の設定項目はより優先順位の高い方法によって上書きされるが、それは項目単位で行われる。設定ファイルで色だけ決めておき、引数でスタイルを選択する方法も可能だ。

● 表4.20 設定の反映結果（例）

項目	優先	設定方法・項目	スタイル	テーマ	アクセント	前景色
結果	-	-	Material	Dark	Green	LightBlue
設定	1	C++ コード	Material	-	-	-
	2	QML コード	-	Dark	-	-
	3	コマンドライン引数	:/mystyle	-	-	-
	4	環境変数	-	-	-	LightBlue
	5	設定ファイル	Default	-	Green	Orange

4.6 子ウインドウ

プロジェクトを作成すると、main.qml ファイルのルートには ApplicationWindow エレメントが使用され、トップレベルウインドウになっている。しかし、このエレメントは子ウインドウとしても使用できる。

サンプルでは ApplicationWindow エレメントの親であり、もう少しシンプルな Window エレメントを使用して About ダイアログを作成する。メニューで「Help」→「About...」を選択するとダイアログが表示され、OK ボタンを押すと閉じる動作を作成する。

サンプルプロジェクト：Chapter4 → WindowExample

第4章　Qt Quick Controls 2

● 図4.15　子ウインドウのサンプル

4.6.1　メインウインドウ

　メインウインドウは、プロジェクト作成時の状態にメニューの項目とダイアログ用のエレメントを配置するだけだ。
　子ウインドウのエレメントは、実際のイメージに近くなるように拡張エレメントとして別ファイルにした。

●リスト4.13　子ウインドウのサンプル（main.qml）

```
import QtQuick 2.10
import QtQuick.Controls 2.3

ApplicationWindow {
  id: root
  visible: true
  width: 320;  height: 240
  title: "Window Example"
  //メニュー
  menuBar: MenuBar {
    Menu {
      title: "&File"
      Action { text: "&Exit..."; onTriggered: Qt.quit() }
    }
    Menu {
      title: "&Help"
      Action {
        text: "&About..."
        onTriggered: about.show()    //ダイアログ表示 [1]
      }
    }
  }
  //Aboutダイアログ
  AboutDialog {
    id: about
    color: root.color       //背景色は親のウインドウ色に合わせる [2]
```

        }
    }

4.6.1.1 Aboutダイアログの表示（リスト4.13 [1]）

　子ウインドウを表示状態にする show 関数を使用する。これは Window エレメントの visible プロパティを true に変えて、子ウインドウを前面に表示してくれる。逆に子ウインドウを閉じたいときは、visible プロパティを false にする。ちなみに、visibility プロパティでも同様に表示・非表示の制御ができる。詳細はリスト 4.14 の説明で解説する。

4.6.1.2 Aboutダイアログの背景色（リスト4.13 [2]）

　単純に親のウインドウに合わせた色に設定している。連動させておけば、トップレベルのウインドウの色を変更しても特に意図して設定変更する必要がない。

4.6.2　子ウインドウ

　子ウインドウは Window エレメントを使用して定義する。今回は About ダイアログのため、子ウインドウを表示中は親ウインドウを操作できないように作成する。

●リスト4.14　子ウインドウのサンプル（AboutDialog.qml）

```
import QtQuick 2.10
import QtQuick.Controls 2.3
import QtQuick.Layouts 1.3
import QtQuick.Window 2.3

Window {
  id: root
  //ウインドウサイズはメッセージとボタンのサイズに合わせる
  width: content.width + 20
  height: content.height + 20
  //デフォルトをモーダルに変更 [1]
  modality: Qt.ApplicationModal
  title: "About"

  //アイコン　メッセージ
  //　　　　　ボタン　　　　　な位置関係に並べる
  ColumnLayout {
    id: content
    anchors.centerIn: parent
    spacing: 15
    RowLayout {
      spacing: 10
      //アイコンを表示
      Image { source: "sweets.png" }
      //メッセージ
      ColumnLayout {
        anchors.verticalCenter: parent.verticalCenter
        spacing: 5
        Label { text: "Qt Quick!"; font.pointSize: 14 }
        Label { text: "It's so mach fun."; font.pointSize: 10 }
      }
    }
    //OKボタン
    Button {
```

```
        anchors.horizontalCenter: parent.horizontalCenter
        text: "OK"
        onClicked: {
          //ウインドウを非表示にする [2]
          root.visible = false
        }
      }
    }
  }
}
```

4.6.2.1　ウインドウのモーダル設定（リスト4.14 [1]）

　ウインドウのモーダル設定は modality プロパティで行う。このプロパティに指定できる値は表4.21のとおりだ。

●表4.21　modality プロパティの設定値

値	説明
Qt.NonModal	モードレス状態（デフォルト値） 追加のウインドウを表示しても他のウインドウへの操作をブロックせず受け付けられる状態
Qt.WindowModal	指定されたエレメントの所属する Window 系エレメントの親子関係の範囲でモーダル状態 （詳細は後述）
Qt.Application Modal	アプリケーション全体でモーダル状態 アプリケーションが表示しているすべてのウインドウへの操作がブロックされる状態

　Qt.WindowModal の動作については少し注意が必要だ。例えば、以下のように Window エレメント（a, b, c）を配置したとする。

```
Item {
  Window {
    id: a
    Window {
      id: b
      modality: Qt.WindowModal
    }
  }
  Window {
    id: c
  }
}
```

　このとき、bによってaのみブロックされcは操作が可能な状態となる。ポイントとしてはルートのエレメントがItemとなっており、a・bとcにおけるウインドウの親子関係が分かれることだ。もし、ルートのItemエレメントをWindowエレメントに変更すると、a・b・cすべてが同一の親子関係の中に入り、aもcもブロックされる。

　なお、Windowエレメントかそれを継承しているApplicationWindowエレメント以外をルートにすると、ウインドウのないアプリケーションになる。

4.6.2.2　ウインドウの表示・非表示操作（リスト4.14 [2]）

　サンプルは、OKボタンを押したら自動的に非表示になるように、Buttonエレメントのon Clicked シグナルハンドラで visible プロパティを false にする。

なお、以下のように visibility プロパティを使用することもできる。ただし、どちらのプロパティを使用する場合も、Window エレメントの id を使用して指定しないと意図どおりの動作をしないため、注意が必要だ。visible プロパティの場合はボタンが非表示になり、visibility プロパティの場合は親のウインドウが非表示になる。visibility プロパティについては、他のエレメントでこのようなパターンを確認したことがないため、バグだろう[注5]。

```
Window {
  id: root

…略

  //OKボタン
  Button {
    anchors.horizontalCenter: parent.horizontalCenter
    text: "OK"
    onClicked: {
      //ウインドウを非表示にする [2]
      root.visibility = Window.Hidden
    }
  }
}
```

4.7　ダイアログ

ダイアログ関連では以下のような、よく利用されるものが追加された。

- 色選択ダイアログ（ColorDialog）
- ファイル選択ダイアログ（FileDialog）
- フォント選択ダイアログ（FontDialog）
- 確認ダイアログ（MessageDialog）

これらのダイアログが実装されたことでユーザーに選択を求める定番の操作が簡単に実装できるようになった。特にファイル選択とフォント選択はローカル PC の情報を取得可能となった点が大きい。

サンプルはアプリケーションを終了しようとしたときに、確認ダイアログを表示して、本当に終了するか、キャンセルするかを選択できるようにする。

各ダイアログの細かい設定項目など違いはあるものの基本的な組み込み方は同じなため、確認ダイアログを使用して解説する。

　　サンプルプロジェクト：Chapter4 → DialogExample

注5) バグ報告　https://bugreports.qt.io/browse/QTBUG-40390

第4章　Qt Quick Controls 2

● 図 4.16　確認ダイアログのサンプル

● リスト 4.15　確認ダイアログのサンプル

```
import QtQuick 2.10
import QtQuick.Controls 2.3
import Qt.labs.platform 1.0 as P         //[1]

ApplicationWindow {
  visible: true
  width: 320
  height: 200
  title: "Dialog Example"

  menuBar: MenuBar {
    Menu {
      title: "&File"
      Action {
        text: "&Exit..."
        onTriggered: close()            // ウインドウを閉じる
      }
    }
  }
  //ウインドウを閉じるときのシグナル
  onClosing: {
    close.accepted = false    //ウインドウを閉じるのを拒否 [2]
    confirm.open()            //確認ダイアログを開く [3]
  }
  //確認ダイアログ [4]
  P.MessageDialog {
    id: confirm
    title: "Exit?"                              //ダイアログタイトル
    text: "Will you sleep soon?"                //本文
    buttons: P.MessageDialog.Yes | P.MessageDialog.No   //[5]
    onClicked: {
      //押されたボタンを確認
      if(button === P.MessageDialog.Yes)                //[6]
        Qt.quit()
    }
  }
}
```

4.7.1　モジュールのインポートとエレメントの使用方法（リスト 4.15 [1][4]）

　確認ダイアログを使用するために「Qt.labs.platform」というモジュールをインポートするが、「as ～」の書式で名前を付ける。これにより複数のモジュールに含まれる同名のエレメントを適切に使い分けられる。実は、ダイアログ用にインポートしたモジュールにも MenuBar エレメントが含まれているのだ。

　インポート時に名前を付けたときのエレメントの使用方法は、リスト 4.15 [4] のように「P.MessageDialog」とする。

4.7.2　ウインドウを閉じるときのシグナルから確認ダイアログ（リスト 4.15 [2][3]）

　ウインドウが閉じるとき（ウインドウの×ボタンを押したり、Alt+F4 や Cmd+Q などのショートカットを押したりしたとき）には、onClosing シグナルハンドラが呼び出される。ここで確認ダイアログを表示してユーザーの入力を求める。ユーザーが「はい」と答えればアプリケーションを終了するし、「いいえ」と答えればアプリケーションは続行する。

　ウインドウが閉じようとしている動作をキャンセルするには、close.accepted を false に設定する（リスト 4.15 [2]）。これで、閉じる動作はなかったことになり、結果的にアプリケーションは終了しない。このシグナルハンドラで閉じる動作を必ずキャンセルする理由は、ダイアログが非同期で動作するためだ。リスト 4.15 [3] で open 関数が確認ダイアログを開いてもブロックせず、処理が継続してしまう。Qt Widget（C++）では、モーダルなダイアログを開くときにダイアログを開くメソッドでブロックできるが、Qt Quick ではできない。

　なお、macOS で Cmd+Q を押したときには、この方法でウインドウの閉じる処理を今は制御できない。Cmd+Q を押したときに onClosing シグナルは発行されるが、close.accepted=false が効かない[注6]。バグ報告はされており、近いバージョンで対処されるはずだ。

4.7.3　確認ダイアログのボタン（リスト 4.15 [5]）

　確認ダイアログに表示するボタンは buttons プロパティに表示したいボタンの値を or で指定する。実際に指定できるボタンの種類は表 4.22 のとおりだ。

注6) バグ報告　https://bugreports.qt.io/browse/QTBUG-33235

第4章　Qt Quick Controls 2

●表4.22　確認ダイアログで使用できるボタン

値	説明
MessageDialog.Ok	OK ボタン
MessageDialog.Open	開くボタン
MessageDialog.Save	保存ボタン
MessageDialog.Cancel	キャンセルボタン
MessageDialog.Close	閉じるボタン
MessageDialog.Discard	変更を破棄（Windows では） 保存せずに閉じる（Ubuntu では） 保存しない（macOS では）
MessageDialog.Apply	適用ボタン
MessageDialog.Reset	リセットボタン
MessageDialog.RestoreDefaults	デフォルトに戻すボタン
MessageDialog.Help	ヘルプボタン
MessageDialog.SaveAll	全て保存ボタン
MessageDialog.Yes	はいボタン
MessageDialog.YesToAll	全てはいボタン
MessageDialog.No	いいえボタン
MessageDialog.NoToAll	全ていいえボタン
MessageDialog.Abort	中止ボタン
MessageDialog.Retry	再試行ボタン
MessageDialog.Ignore	無視ボタン
MessageDialog.NoButton	ダイアログにボタンなし

4.7.4　アプリケーションの終了（リスト4.15 [6]）

　実際のアプリケーションを終了させる処理は、押されたボタンを判定してから行う。on
Clicked シグナルハンドラには「button」という引数が用意されており、押されたボタンの種類を
判定可能だ。

4.7.5　Qt.labs.platform を使用するための修正

　今回採用している「Qt.labs.platform」は内部でQt ウィジェットの機能を使用しており、cpp の
ソースコードとプロジェクト設定ファイル（*.pro）の修正が必要だ。

　変更内容は簡単で、main.cpp は、QGuiApplication クラスから QApplication クラスに変更（リ
スト4.16 [2]）し、合わせてインクルードするファイルを変更（リスト4.16 [1]）する。

　そして、プロジェクト設定ファイル（*.pro）には「QT += widgets」を追加する。

●リスト4.16　確認ダイアログのサンプル（main.cpp の修正）

```cpp
#include <QtWidgets/QApplication>          //[1]
#include <QQmlApplicationEngine>

int main(int argc, char *argv[])
{
  QCoreApplication::setAttribute(Qt::AA_EnableHighDpiScaling);
  QApplication app(argc, argv);           //[2]

  QQmlApplicationEngine engine;
  engine.load(QUrl(QLatin1String("qrc:/main.qml")));
  if (engine.rootObjects().isEmpty())
    return -1;
```

```
    return app.exec();
}
```

●リスト4.17　確認ダイアログのサンプル (pro ファイルの修正)

```
QT += quick widgets
CONFIG += c++11

# 略
```

4.8　Qt Quick Controlsとの共存

まず、なぜ共存について解説するかだが、以下の理由からだ。

- Controls 1 と Controls 2 で互換性がない
- エレメント構成が変更された
- プロパティ構成も変更された

すべては1項目の互換性がないに尽きるのだが、少々タチが悪いのは、Controls 1 で提供され
ていたエレメントと類似もしくは代替えできるエレメントが部分的に不足しているのだ。Qt
Quick Controls 2.2 の段階でほとんどは何かしら代替えとなるエレメントが提供されたため、問
題は減ってきたが少しだけ残っている。開発プロジェクトの都合でどうしても古いバージョンを
使用する場合には注意してほしい。具体的には第7章「エレメント一覧」で確認できる。

このような現状ではどうしても Controls 1 のエレメントを部分的に使用したい場合もあるだろ
うし、Controls 1 で作成したアプリケーションを Controls 2 へ移行する過程で一時的に共存させ
たいときもあるだろう。そのときは、「4.7 ダイアログ」でも触れたが、リスト4.18のように名前
を付ける手法を使用する。

●リスト4.18　使用するバージョンを明確化

```
import QtQuick 2.10
import QtQuick.Controls 1.6 as Controls
import QtQuick.Controls 2.3

ApplicationWindow {
  Controls.Button {
    // Controls 1
  }
  Button {
    // Controls 2
  }
}
```

この書き方であれば、基本は Controls 2 を使用して必要な部分だけ明示的に Controls 1 を使用
できる。コードを見てもどちらを使っているかは一目瞭然だ。

なお、import は QML ファイル単位で行うため、ある QML ファイルでは Controls 1 を使用
し、別の QML ファイルでは Controls 2 を使用するといった運用もできる。

第**5**章

Qt Quickアラカルト

本章では、Qt Quick Controls 2 に限定しない Qt Quick の
機能について解説する。特にレイアウトはユーザーイン
ターフェースの構築において欠かせない機能である。

5.1 レイアウト

　Qt Quickのレイアウト機能が、Qt 5.1から強化されて便利になった。かつてはGridエレメントやRowエレメント、Columnエレメントを使用してRectangleエレメントなどを並べる程度のことしかできなかったが、新しく追加されたLayoutエレメントでは、サイズ調整に関する指定もできるようになった。ウインドウサイズの変化や、エレメントに指定している文字列の変化に応じたレイアウトの調整を、簡単な指定で適切に行える。

5.1.1 少し複雑なレイアウト

　サンプルでは、筆者が以前某ゲーム用に作成したツールの一部（図5.1の左：キッチンタイマー的な機能）を、新しいレイアウト機能を使って再構成した。

　再構成にはGridLayoutエレメントを1つだけ使用した。もちろん、複雑なレイアウトを1つのGridLayoutエレメントで構成するとコードのメンテナンス性が落ちるため、臨機応変にRowLayoutエレメントやColumnLayoutエレメントを混ぜて構成するべきだろう。

　　サンプルプロジェクト：Chapter5 → LayoutExample

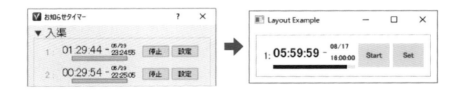

● 図5.1　レイアウトのサンプル

●リスト5.1　レイアウトのサンプル（再構成後）

```
import QtQuick 2.10
import QtQuick.Controls 2.3
import QtQuick.Layouts 1.3                    //追加

ApplicationWindow {
  visible: true
  width: 300
  height: 90
  title: "Layout Example"

  GroupBox {
    anchors.fill: parent
    anchors.margins: 10
    //グループ内のコンテンツより小さくならないように最小値を設定 [1]
    Layout.minimumWidth: content.implicitWidth
    Layout.minimumHeight: content.implicitHeight
    GridLayout {
      id: content
      anchors.fill: parent
      rows: 3                            //グリッドを3行構成 [2]
```

```
        columnSpacing: 5                        //列の間隔を少し
        rowSpacing: 1                           //行の間隔をほぼなし
        flow: GridLayout.TopToBottom            //グリッドの配置順を上から下へ ［3］
        //複数並べるとき用の連番
        Label {
          Layout.rowSpan: 3                         //3行分結合状態 ［4］
          Layout.alignment: Qt.AlignVCenter //縦方向の中心に配置 ［5］
          text: "1:"
          font.pointSize: 12
        }
        //残り時間
        Label {
          id: remainTime
          Layout.rowSpan: 2             //2行分結合状態
          clip: true
          text: "05:59:59"
          font.pointSize: 16
        }
        //進捗バー
        ProgressBar {
          Layout.fillWidth: true        //横方向に可能な限り広げる ［6］
          Layout.maximumHeight: 8       //最大の高さとして8を指定 ［7］
          Layout.columnSpan: 3          //3列分結合状態 ［8］
          from: 0
          to: 100
          value: 90
        }
        //セパレータ
        Label {
          Layout.rowSpan: 2             //2行分結合状態
          text: "-"
          font.pointSize: 10
        }
        //終了予定日
        Label {
          text: "08/17"
          font.pointSize: 8
        }
        //終了予定時刻
        Label {
          text: "16:00:00"
          font.pointSize: 8
        }
        //開始ボタン
        Button {
          Layout.fillWidth: true        //許される限り横に広げる ［9］
          Layout.minimumWidth: 50       //最小サイズを指定 ［10］
          Layout.rowSpan: 3             //3行分結合状態
          text: "Start"
        }
        //設定ボタン
        Button {
          Layout.preferredWidth: 50 //推奨サイズを指定 ［11］
          Layout.rowSpan: 3             //3行分結合状態
          text: "Set"
        }
      }
    }
  }
```

第5章 Qt Quickアラカルト

●リスト5.2 レイアウトのサンプル（再構成前）参考用

```
import QtQuick 2.10
import QtQuick.Controls 2.3

ApplicationWindow {
  visible: true
  width: content.width + 30               //コンテンツのサイズに合わせる
  height: content.height + 30
  title: "Layout Example(old)"

  GroupBox {
    id: content
    anchors.centerIn: parent
    Row {
      anchors.centerIn: parent
      spacing: 10
      //複数並べるとき用の連番
      Label {
        anchors.verticalCenter: parent.verticalCenter
        text: "1:"
        font.pointSize: 12
      }
      Column {
        Row {
          spacing: 5
          //残り時間
          Label {
            anchors.verticalCenter: parent.verticalCenter
            text: "05:59:59"
            font.pointSize: 16
          }
          //セパレータ
          Label {
            anchors.verticalCenter: parent.verticalCenter
            text: "-"
            font.pointSize: 10
          }
          //終了予定時刻
          Column {
            anchors.bottom: parent.bottom
            Label { text: "08/17"; font.pointSize: 8 }
            Label { text: "16:00"; font.pointSize: 10 }
          }
        }
        //進捗
        ProgressBar {
          anchors.horizontalCenter: parent.horizontalCenter
          width: 100; height: 8
        }
      }
      Row {
        anchors.verticalCenter: parent.verticalCenter
        spacing: 3
        Button { text: "Start" }  //開始ボタン
        Button { text: "Set" }    //設定ボタン
      }
    }
  }
}
```

96

5.1.1.1 グリッド状の部品配置（リスト5.1 [2][3][4][8]）

GridLayoutエレメントを使用すると、部品（他のエレメント）を格子状に配置できる。

最初にグリッドの行数もしくは列数を決定する（リスト5.1 [2]）。サンプルは図5.3のような部品構成になっており、部品の流れをイメージしやすくするため、rowsプロパティを3として行数を固定して列方向に伸びていく配置にした。

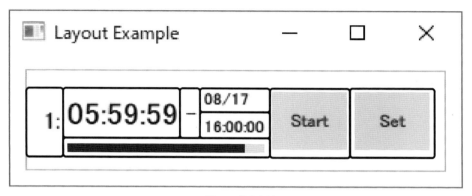

● 図5.2 部品配置

5.1.1.2 グリッド状の部品の配置方向（リスト5.1 [3]）

次に、部品の配置順の方向を指定する。文章で例えるなら縦書きか横書きか、左から書くか右から書くかといった設定だ。今回は行数を固定して列方向をフリーにするため、flowプロパティに縦書きを表すGridLayout.TopToBottom値を設定する（リスト5.1 [3]）。横方向は左からがデフォルトなため、layoutDirectionプロパティは特に設定しない。

5.1.1.3 グリッドセルの結合（リスト5.1 [4][8]）

ところで、目標のレイアウトは綺麗な格子状にはなっていない。従来のGridエレメントではこのような配置ができなかったため、RowエレメントとColumnエレメントを組み合わせて配置していた。しかし、LayoutエレメントのrowSpanプロパティ（リスト5.1 [4]）とcolumnSpanプロパティ（リスト5.1 [8]）でセル結合ができるようになったため、GridLayoutエレメントでの配置が可能になった。

ただし、この結合機能に頼りすぎるとコードが難解になりやすいため、注意してほしい。

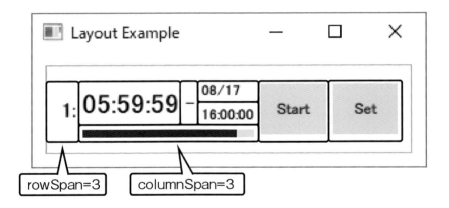

● 図 5.3　部品配置

5.1.1.4　部品の位置取り（リスト 5.1 ［5］）

　セル内での配置位置を決定するために、Layout エレメントの alignment プロパティを使用する。セルの結合をしたときや自分以外の部品のサイズが大きいときは、alignment プロパティを指定しておかないと思わぬ位置に表示されることになる。alignment プロパティには表 5.1 の値が指定できる。

●表 5.1　alignment プロパティに指定できる値

値	説明
Qt.AlignLeft	左揃え
Qt.AlignHCenter	横方向で中央揃え
Qt.AlignRight	右揃え
Qt.AlignTop	上揃え
Qt.AlignVCenter	縦方向で中央揃え
Qt.AlignBottom	下揃え
Qt.AlignBaseline	ベースライン揃え

5.1.1.5　部品のフィッティング設定（リスト 5.1 ［1］［6］［9］）

　Layout エレメントの fillWidth プロパティと fillHeight プロパティに true を指定すると、可能な限り大きくレイアウトされる。

　リスト 5.1 ［6］では、ProgressBar エレメントの横幅を指定するために、fillWidth プロパティを使用した。これは、ProgressBar エレメントを配置するマスは columnSpan を 3 に設定しているため、横幅が上段の Label エレメントの配置される 3 列分と一致する。また、デザイン上、横幅の基準になっているのは上段の Label エレメントの内容となる。これらを踏まえて ProgressBar エレメントは常に与えられたマスを最大限利用するイメージで、fillWidth プロパティを true に設定した。

　以前なら上段の Text エレメントの横幅を取得して計算するしかなかった。参考用のリスト 5.2 を作成したときはぴったり合わせる必要もないと考えていたこともあり、適当なサイズに固定し中心揃えにしていた。

```
//進捗バー
ProgressBar {
  Layout.fillWidth: true      //横方向に可能な限り広げる [6]
  Layout.maximumHeight: 8     //最大の高さとして8を指定 [7]
  Layout.columnSpan: 3        //3列分結合状態 [8]
  from: 0
  to: 100
  value: 90
}
```

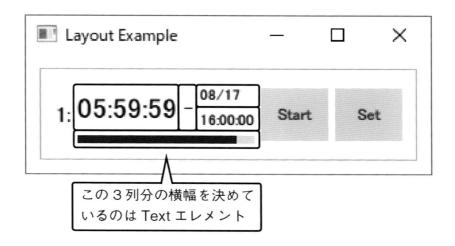

● 図 5.4　部品の横幅の基準

　ボタンの横幅も許される限り大きくなるように、fillWidthプロパティをtrueにした（リスト 5.1 [9]）。ウインドウを横方向に大きさを調節すると、ウインドウとグループボックスのサイズの変化に合わせてボタンの大きさが変化することがわかる（図5.5）。

　これは、ウインドウが大きくなり当初のデザインから変化するときに、どの部品で広がったスペースを埋めるか（帳尻を合わせるか）、でもある。サンプルでは、時間を表示している部分は固定したかったため、必然的にボタンで広がったスペースを埋める形にした。

```
//開始ボタン
Button {
  Layout.fillWidth: true      //許される限り横に広げる [9]
  Layout.minimumWidth: 50     //最小サイズを指定 [10]
  Layout.rowSpan: 3           //3行分結合状態
  text: "Start"
}
```

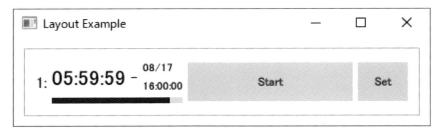

● 図5.5 ウインドウ幅を広げてボタンの幅が変化したところ

　領域のサイズに合わせてエレメントのサイズをフィッティングさせるfillWidthプロパティとfillHeightプロパティは便利だが、ひとつ注意が必要だ。これらのプロパティを設定するときは、デザインにもよるが、リスト5.1 [10]のようにLayoutエレメントのminimumWidthプロパティかminimumHeightプロパティを使用して最低サイズを指定する。指定しないと、領域が狭くなったときに図5.6のようにボタンが潰れてしまう。可能な限り幅や高さを広げてくれるが、狭くなる方向へは何もしてくれない。なお、サンプルで試すときはリスト5.1 [1]と[10]の2カ所をコメントアウトする。リスト5.1 [1]ではグループボックスが内側のコンテンツを押し潰して小さくならないように最低サイズを指定しているためだ。

● 図5.6 最小サイズを指定しないときの動作

5.1.1.6　エレメントの推奨サイズ（リスト5.1 [11]）

　LayoutエレメントのpreferredWidthプロパティとpreferredHeightプロパティで、エレメントの推奨サイズを指定する。レイアウトの調整は基本的にこの値で行われ、もし、これらのプロパティが設定されていないと、implicitWidthプロパティやimplicitHeightプロパティが使用されてサイズが決定される。

```
//設定ボタン
Button {
  Layout.preferredWidth: 50   //推奨サイズを指定 [11]
  Layout.rowSpan: 3           //3行分結合状態
  text: "Set"
}
```

　さて、リスト5.1 [11]ではボタン幅を50に指定している。これで、レイアウトの調整が行われてもこの幅が維持される。別の表現をするなら、レイアウトのためにボタンの幅が強制される。通常、ボタンの幅は設定したテキストの長さに依存するが、それが無視されることになる。

5.1.2 推奨サイズのレイアウトへの影響

これまでの解説では、preferredWidth/preferredHeightプロパティがただのサイズ固定用のプロパティに見えてしまうが、そうではない。そこで、もう1つサンプルを用意した。図5.7とリスト5.3を見るとわかるが、Rectangleエレメントを4つグリッド上に配置したサンプルだ。

サンプルプロジェクト： Chapter5 → LayoutExample2

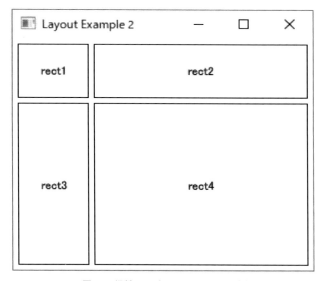

● 図5.7　推奨サイズのレイアウトへの影響

●リスト5.3　推奨サイズのレイアウトへの影響サンプル

```
import QtQuick 2.10
import QtQuick.Controls 2.3
import QtQuick.Layouts 1.3

ApplicationWindow {
  visible: true
  width: 300
  height: 240
  title: "Layout Example 2"

  GridLayout {
    anchors.fill: parent
    anchors.margins: 5
    columns: 2
    rowSpacing: 5
    columnSpacing: 5

    Rectangle {
      border.color: "black"
      border.width: 1
      Layout.fillWidth: true         //目一杯広げる
      Layout.fillHeight: true
      Layout.preferredWidth: 50      //推奨サイズを50
      Layout.preferredHeight: 50
      Label { anchors.centerIn: parent; text: "rect1" }
```

```
      }
      Rectangle {
        border.color: "black"
        border.width: 1
        Layout.fillWidth: true        //目一杯広げる
        Layout.fillHeight: true
        Layout.preferredWidth: 50      //推奨サイズを50
        Layout.preferredHeight: 50
        Label { anchors.centerIn: parent; text: "rect2" }
      }
      Rectangle {
        border.color: "black"
        border.width: 1
        Layout.fillWidth: true        //目一杯広げる
        Layout.fillHeight: true
        Layout.preferredWidth: 50      //推奨サイズを50
        Layout.preferredHeight: 50
        Label { anchors.centerIn: parent; text: "rect3" }
      }
      Rectangle {
        border.color: "black"
        border.width: 1
        Layout.fillWidth: true        //目一杯広げる
        Layout.fillHeight: true
        Layout.preferredWidth: 150    //この四角形だけ推奨サイズを大きく設定
        Layout.preferredHeight: 150
        Label { anchors.centerIn: parent; text: "rect4" }
      }
    }
  }
}
```

　すべての四角形をできる限り領域全体に配置されるように fillWidth/fillHeight プロパティを true にし、4番目だけ推奨サイズを大きく設定した。すべての四角形の推奨サイズが同じ値のときは均等に配置される。つまり、推奨サイズの配分によってレイアウトが調整されたのだ。

5.2　他アプリケーションとのドラッグ＆ドロップ

　DropArea エレメントが実装された当初、エレメントのドラッグ＆ドロップが可能になったものの、同一アプリケーション内に限られていた。その後、Qt5.2 で他のアプリケーションとドラッグ＆ドロップができるようになった。

　ここでは、ファイル管理ソフト（エクスプローラーや Finder など）と画像ファイルのパスをやりとりするサンプルで、他のアプリケーションとのドラッグ＆ドロップについて解説する。

　サンプルは、ファイル管理ソフトから画像ファイルがドラッグ＆ドロップされると、ウインドウ下部に一覧を表示する。その一覧で画像を選択するとウインドウ上部に大きく表示したり、一覧からファイル管理ソフトへドラッグ＆ドロップしたりできるようにした。

　以上のような双方向のドラッグ＆ドロップを試すことができるサンプルである。

　　サンプルプロジェクト：Chapter5 → DragAndDropExample

5.2 他アプリケーションとのドラッグ＆ドロップ

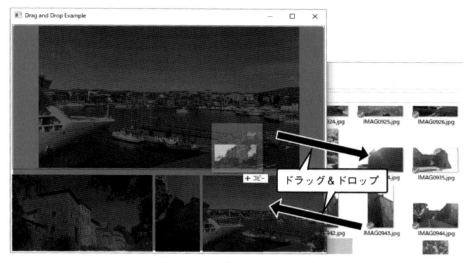

● 図5.8　ドラッグ＆ドロップのサンプル

●リスト5.4　ドラッグ＆ドロップのサンプル

```
import QtQuick 2.10
import QtQuick.Controls 2.3
import QtQuick.Controls 1.6 as C1
import QtQuick.Layouts 1.3

ApplicationWindow {
  visible: true
  width: 640;  height: 480
  title: "Drag and Drop Example"

  ColumnLayout {
    anchors.fill: parent
    //プレビューの表示領域
    Rectangle {
      Layout.fillWidth: true              //できるだけ広げる
      Layout.fillHeight: true             //できるだけ広げる
      Layout.margins: 3
      border.width: 1                     //表示領域の枠
      border.color: "grey"
      Image {
        id: previewImage
        anchors.fill: parent
        anchors.margins: 3
        fillMode: Image.PreserveAspectFit //アスペクト比を維持
        smooth: true
      }
    }
    //ドロップした画像の一覧
    ScrollView {
      id: listScroll
      Layout.fillWidth: true              //できるだけ広げる
      Layout.minimumHeight: parent.height / 3 //親の1/3より小さくしない
      Layout.margins: 3
      RowLayout {
        spacing: 5
        //一覧用のImageをRepeaterで管理
        Repeater {
          id: listRepeater
```

第5章 Qt Quickアラカルト

```
        model: ListModel { id: listImageModel } //モデルは空の状態から
        delegate: Image {
            //推奨サイズ [1]
            Layout.preferredWidth: listScroll.height *
                            sourceSize.width / sourceSize.height
            Layout.preferredHeight: listScroll.height
            fillMode: Image.PreserveAspectFit //アスペクト比を維持
            smooth: true
            source: model.source                 //画像のパスはモデルから取得
            Item {
                //画像をドラッグ時に動かさないように
                //ダミーエレメントの配置とアンカー固定 [2]
                anchors.fill: parent

                //ドラッグ＆ドロップ関係
                Drag.active: imageDrag.drag.active //ドラッグ機能On
                Drag.dragType: Drag.Automatic        //外部へのドラッグ可 [3]
                Drag.mimeData: {"text/uri-list": source}//MIME情報 [4]

                //ドラッグに必要なマウス処理
                MouseArea {
                    id: imageDrag
                    anchors.fill: parent
                    drag.target: parent
                    //ドラッグする対象を指定
                    drag.smoothed: true
                    //クリックされたらプレビューに表示
                    onClicked: previewImage.source = source
                }
            }
        }
        //追加されたらプレビューに表示
        onItemAdded: previewImage.source = item.source
    }
  }
}
//ドラッグ状態に反応してことを表す四角
Rectangle {
    id: dropRect
    anchors.fill: parent
    anchors.margins: 5
    radius: 4
    color: "#000000"
    opacity: 0
    states: State {
        //ドラッグ状態で領域内にいたら背景色と文字色を変更
        when: imageDropArea.containsDrag                      //[5]
        PropertyChanges { target: dropRect; opacity: 0.5 }
        PropertyChanges { target: message; opacity: 1 }
    }
}
//ドラッグ状態で領域内にいるときの説明
Label {
    id: message
    anchors.centerIn: parent
    color: "white"
    text: "Detecting..."
}
//ドロップの受付
DropArea {                                              //[6]
    id: imageDropArea
    anchors.fill: parent
```

104

```
        keys: ["text/uri-list"]              //受け取るデータを絞る  //[7]
        onDropped: {                                                //[8]
          if(drop.hasUrls){                                         //[9]
            //drop.urlsのパスをプレビュー用のモデルへ追加
            for(var i=0; i<drop.urls.length; i++){
              //簡易的に画像の拡張子に限定
              if(drop.urls[i].indexOf(".bmp") >= 0
                 || drop.urls[i].indexOf(".png") >= 0
                 || drop.urls[i].indexOf(".jpg") >= 0){
                //モデルへ追加
                listImageModel.append({"source": drop.urls[i]})
              }
            }
          }
        }
      }
    }
```

5.2.1 画像一覧のレイアウト（リスト5.4 [1]）

画像一覧のレイアウトは、画像のアスペクト比に関係なく表示時の高さを統一した。図5.9のように、高さの統一された画像が綺麗に詰まった状態で表示されるようになる。

Layout.preferredWidthプロパティとLayout.preferredHeightプロパティを使用した理由は、画像の高さが一覧の領域の高さより大きいときと、小さいときのどちらも同じサイズに調節するためだ。例えば、Layout.maximumHeightプロパティで高さを制限すると、画像一覧の領域より小さい画像は小さいままになってしまう。

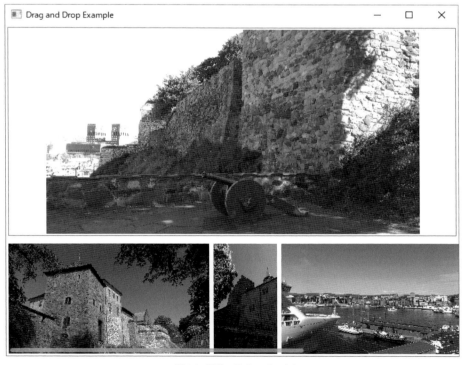

● 図5.9 画像一覧のレイアウト

第5章 Qt Quickアラカルト

5.2.2 一覧表示からのドラッグ時に移動させない（リスト 5.4 [2]）

　今回使用するドラッグ＆ドロップの機能は、基本的にアプリケーションのエレメントを移動させる機能なため、他のアプリケーションとの連携でも移動させてしまう。だが、サンプルでは一覧の画像が移動する必要がないため、固定したい。そのため、ドラッグ操作自体の対象となるエレメントを、Image エレメントではなくダミーの Item エレメントになるようにした。ドラッグ＆ドロップ機能でも anchors プロパティで固定されたエレメントは動かせない特性を利用した。

5.2.3 他のアプリケーションへのドラッグ＆ドロップするための設定（リスト 5.4 [3][4]）

　エレメントをドラッグ＆ドロップ可能にするには、Drag エレメントと MouseArea エレメントを組み合わせて行う。しかし、デフォルトの設定では同一アプリケーション内でしかドラッグ＆ドロップできない。そのため、Drag.dragType プロパティ（リスト 5.4 [2]）と Drag.mimeData プロパティ（リスト 5.4 [3]）を変更して、他のアプリケーションとのやりとりを可能にする。

　具体的な値は、Drag.dragType プロパティに Drag.Automatic を指定し、Drag.mimeData プロパティに MIME Type と data の組み合わせを JSON 形式で指定する。

```
//ドラッグ＆ドロップ関係
Drag.active: imageDrag.drag.active //ドラッグ機能On
Drag.dragType: Drag.Automatic       //外部へのドラッグ可 [3]
Drag.mimeData: {"text/uri-list": source} //MIME情報 [4]
//ドラッグに必要なマウス処理
MouseArea {
  id: imageDrag
…略
```

　リスト 5.4 [3] のように「text/uri-list」を使用すると、ファイルパスや URL のやりとりができる。ちなみに、「text/plain」を指定すると、テキストそのものをやりとりできる。例えば、テキストエディタで文章の一部をドラッグ＆ドロップするときに使用する。

5.2.4 ドラッグ状態の検出（リスト 5.4 [5]）

　ドラッグされているエレメントや他のアプリケーションからドラッグしてきたファイルなどを検出するには、DropArea エレメントの containsDrag プロパティを使用する。サンプルでは、このプロパティがtrueのときに、ウインドウ全体が暗くなるように Rectangle エレメントの色が変化するようにした。

```
//ドラッグ状態に反応したことを表す四角
Rectangle {
  id: dropRect
…略
  states: State {
    //ドラッグ状態で領域内にいたら背景色と文字色を変更
    when: imageDropArea.containsDrag                //[5]
    PropertyChanges { target: dropRect; opacity: 0.5 }
```

```
        PropertyChanges { target: message; opacity: 1 }
    }
…略
    //ドロップの受付
    DropArea {
      id: imageDropArea
…略
```

5.2.5　ドロップの受付 (リスト 5.4 [6] ～ [9])

ドロップの受付には DropArea エレメントを使用する (リスト 5.4 [6])。

また、ドロップを受け付ける対象を URI に限定するために、keys プロパティを設定する (リスト 5.4 [7])。Drag.mimeData プロパティで使用した情報と同一だ。

ドロップを受け付けたときの実際の処理は、onDropped シグナルハンドラで行う。このシグナルハンドラは引数に DragEvent エレメントが定義されており、リスト 5.4 [9] のように drop.hasUrls プロパティで drop.urls に文字列リスト (URL) が含まれているかどうかを判断できる。

```
…略
DropArea {                                      //[6]
  id: imageDropArea
  anchors.fill: parent
  keys: ["text/uri-list"]          //受け取るデータを絞る  //[7]
  onDropped: {                                  //[8]
    if(drop.hasUrls){                           //[9]
      //drop.urlsのパスをプレビュー用のモデルへ追加
      for(var i=0; i<drop.urls.length; i++){
        //簡易的に画像の拡張子に限定
        if(drop.urls[i].indexOf(".bmp") >= 0
           || drop.urls[i].indexOf(".png") >= 0
           || drop.urls[i].indexOf(".jpg") >= 0){
          //モデルへ追加
          listImageModel.append({"source": drop.urls[i]})
        }
      }
    }
  }
}
```

ちなみに、keys プロパティに「text/plain」を設定したときは、drop.hasText が true になり、drop.text に文字列が保存され、取得できる。つまり、テキストエディタなどから文字列を受け付けられるようになる。

なお、ファイルがドロップされたときの DragEvent エレメント (drop) の内容の例は、以下のとおりだ (見やすいようにあえて改行を入れた場所あり)。

```
accepted : false
action : 1
colorData : undefined
drag.source : null
formats : application/x-qt-windows-mime;value="Shell IDList Array"
        ,application/x-qt-windows-mime;value="UsingDefaultDragImage"
        ,application/x-qt-windows-mime;value="DragImageBits"
        ,application/x-qt-windows-mime;value="DragContext"
        ,application/x-qt-windows-mime;value="DragSourceHelperFlags"
```

```
          ,application/x-qt-windows-mime;value="InShellDragLoop"
          ,text/uri-list
          ,application/x-qt-windows-mime;value="FileName"
          ,application/x-qt-windows-mime;value="FileContents"
          ,application/x-qt-windows-mime;value="FileNameW"
          ,application/x-qt-windows-mime;value="FileGroupDescriptorW"
          ,application/x-qt-windows-mime;value="EnterpriseDataProtectionId"
hasColor : false
hasHtml : false
hasText : true
hasUrls : true
html :
keys : application/x-qt-windows-mime;value="Shell IDList Array"
          ,application/x-qt-windows-mime;value="UsingDefaultDragImage"
          ,application/x-qt-windows-mime;value="DragImageBits"
          ,application/x-qt-windows-mime;value="DragContext"
          ,application/x-qt-windows-mime;value="DragSourceHelperFlags"
          ,application/x-qt-windows-mime;value="InShellDragLoop"
          ,text/uri-list
          ,application/x-qt-windows-mime;value="FileName"
          ,application/x-qt-windows-mime;value="FileContents"
          ,application/x-qt-windows-mime;value="FileNameW"
          ,application/x-qt-windows-mime;value="FileGroupDescriptorW"
          ,application/x-qt-windows-mime;value="EnterpriseDataProtectionId"
proposedAction : 1(Qt.CopyAction)
supportedActions : 7(Qt.CopyAction+Qt.MoveAction+Qt.LinkAction)
text : file:///C:/Pictures/2015-06-04_オスロ/IMAG1005.jpg
urls : file:///C:/Pictures/2015-06-04_オスロ/IMAG1005.jpg
x : 447
y : 237
```

5.2.6　Windowsでの挙動について

　執筆時点では、ドロップ後に正しくシグナルが処理されず、内部的にドラッグ状態が維持されてしまう。そのため、連続でドラッグ＆ドロップを行うと、最初にドラッグしたファイルがドロップされ続ける。今後の修正に期待したい。

5.3　Qt Quickデザイナーでデザイン

　Qtにはもともと GUI をグラフィカルに編集するためのデザイナー機能が用意されていた。それは C++ での開発専用であったが、QML 用のデザイナーもしばらく前から用意されている。その Qt Quick デザイナーは、まだまだ発展途上な部分（非対応のエレメントなど）があるものの、筆者としては今後積極的に使っていきたい機能なため、使い始めのとっかかりとして知っておきたい部分を解説する。エレメントをライブラリから配置し、プロパティの値を変更するくらいは、見ればすぐにわかるだろう。しかし、プロパティバインディングの設定の方法など少しわかりにくいところがある。そのような基本的な操作方法をピックアップして解説する。

　サンプルプロジェクトは、以下の仕様で作成した。

- チェック可能なメニューを用意
- ウインドウにボタンを配置

- メニュー項目のチェック状態に応じてボタンの動作モードを変更
- ボタンの動作モードは、通常のクリックとチェック可能（トグル）の２つ
- ボタンが通常のクリックのときはメッセージダイアログを表示
- ボタンがチェック可能のとき、ボタンの状態（ON/OFF）をボタンの横に表示
- ボタンの状態は拡張エレメントを使用して表示（ONのとき赤、OFFのとき青）
- メインウインドウに画像を追加

サンプルプロジェクト：Chapter5 → QtQuickDesignerExample

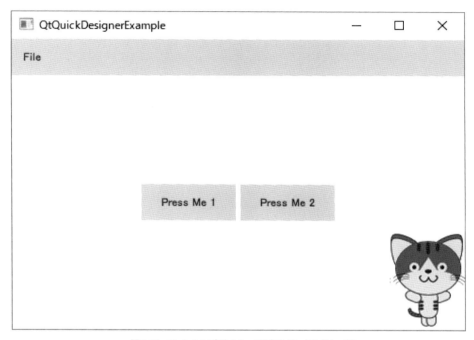

● 図 5.10　Qt Quick デザイナーでデザインするサンプル

また、このサンプルを使用して以下の点について解説する。

- 画面構成
- プロパティの設定
- プロパティの追加
- プロパティバインディングの設定
- 状態管理
- ロジック側との連携（双方向）
- 拡張エレメントの追加と扱い
- エレメントの仮のサイズ
- 画像ファイル（リソース）の扱い
- レイアウト

第5章 Qt Quickアラカルト

なお、サンプルのファイル構成は表5.2のとおりだ。「修正」の列に○印のあるファイルを主に編集する。

●表5.2 サンプルプロジェクトのファイル構成

ファイル名	説明	修正
QtQuickDesignerExample.pro	プロジェクトの設定ファイル	-
main.cpp	main()関数が記述され、main.qmlファイルから開始する設定など簡単なコードが記述される	-
qml.qrc	リソース設定ファイル	-
main.qml	アプリケーションの起点となるQMLファイル	○
Contents.qml	ボタンなどを配置するメインコンテンツのロジック部分	-
ContentsForm.ui.qml	ボタンなどを配置するメインコンテンツのデザイン部分	○
Parts/ColorIndicator.qml	ボタンの状態を示すマークのロジック部分	-
Parts/ColorIndicatorForm.ui.qml	ボタンの状態を示すマークのデザイン部分	○
qtquickcontrols2.conf	スタイル（見た目）に関する設定を記述するファイル	-
cat.png	メインコンテンツに表示する画像	-

●リスト5.5 Qt Quickデザイナーでデザインのサンプル（main.qml）

```
import QtQuick 2.10
import QtQuick.Controls 2.3

ApplicationWindow {
  visible: true
  width: 480
  height: 320
  title: qsTr("QtQuickDesignerExample")

  menuBar: MenuBar {
    Menu {
      title: qsTr("File")
      MenuItem {
        //メニューの項目をチェック可能状態にする
        id: menuButtonCheckable
        text: qsTr("Button Checkable")
        checkable: true
      }
      MenuItem {
        text: qsTr("Exit")
        onTriggered: Qt.quit();
      }
    }
  }

  Contents {
    anchors.fill: parent
    //メニューのチェック状態でモード切り替え [1]
    button1.checkable: menuButtonCheckable.checked
    button1.onClicked: {
      //通常ボタンのときだけダイアログ表示
      if(!button1.checkable)
        messageDialog.show(qsTr("Button 1 pressed"))
    }
    //メニューのチェック状態でモード切り替え
    button2.checkable: menuButtonCheckable.checked
    button2.onClicked: {
      if(!button2.checkable)
        messageDialog.show(qsTr("Button 2 pressed"))
```

110

```
      }
    }
    Dialog {
      id: messageDialog
      x: parent.width / 2 - width / 2
      y: parent.height / 2 - height / 2
      title: qsTr("May I have your attention, please?")
      modal: true
      standardButtons: Dialog.Ok
      //メッセージラベル
      Label {
        id: messageLabel
        anchors.centerIn: parent
      }
      //ダイアログ表示補助
      function show(caption) {
        messageLabel.text = caption;
        messageDialog.open();
      }
    }
  }
}
```

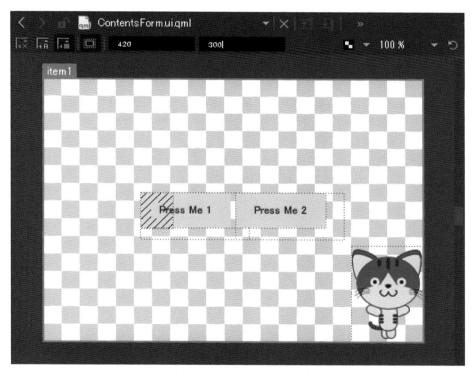

● 図5.11 Qt Quick デザイナーでデザインのサンプル (ContentsForm.ui.qml)

第5章　Qt Quickアラカルト

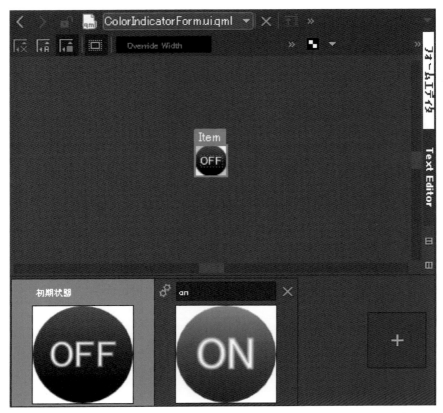

● 図 5.12　Qt Quick デザイナーでデザインのサンプル（Parts/ColorIndicatorForm.ui.qml）

5.3.1　画面構成

Qt Quick デザイナーの画面構成は図 5.13 のように 6 つのエリアから構成される。

1. ライブラリ（エレメント・リソース・インポートモジュールの一覧）
2. ナビゲーター（キャンバスに配置したエレメントの親子兄弟関係）
3. コネクション（バインディング・ダイナミックプロパティの定義）
4. キャンバス（エレメントの配置を編集、フォームエディタとテキストエディタの切り替えが可能）
5. 状態（状態の一覧で管理。初期は折りたたみ状態）
6. プロパティ（選択したエレメントによって内容は変化）

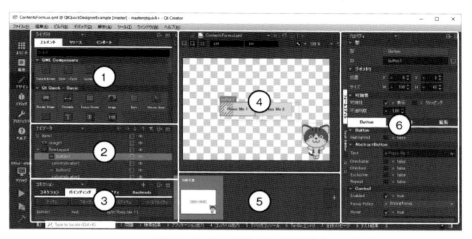

● 図 5.13　Qt Quick デザイナーの画面構成

5.3.2　プロパティの設定

　配置したエレメントのプロパティ編集は、画面右側のプロパティエリアで行う。各項目の使い方ではなく、プロパティエリアの全般的な使用方法を解説する。

　図5.14は「button1」を選択した状態のプロパティエリアの一部だ。まず注目したい点は、「Press Me 1」の文字列のフォント色だ（モノクロ画像ではわからないかもしれないが）。青色になっている。これは、初期値から変更されていることを示している。つまり、ソースコードを直接見たときにプロパティが設定されている状態だ。逆にフォント色が白のときは初期値の状態で、ソースコードに該当のプロパティについての記述はない。

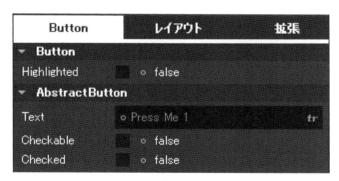

● 図 5.14　プロパティの設定

　一度設定したプロパティを消すときは、図5.15の矢印で示す丸印（プロパティごとに位置は異なる）をクリックすると表示されるコンテキストメニューで「Reset」を選択する。

　ちなみに、「Set Binding」を選択するとプロパティバインディングを設定できる。

第5章 Qt Quickアラカルト

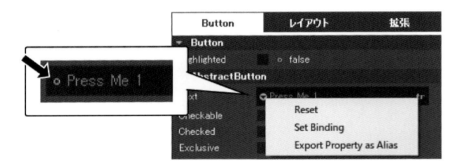

● 図 5.15　プロパティの値をリセット設定

5.3.3　プロパティの追加

プロパティはエレメントにもともと用意されているものだけではなく、ユーザーによる追加も可能だ。そして、Qt Quickデザイナーでもその操作は用意されている。

図5.16のように、ナビゲーターで対象のエレメントを選択してから、画面左下の「コネクション」で編集する。サンプルでは外部にON/OFF状態を設定してもらうプロパティを追加するため、ルートエレメントのItemエレメントを選択する。

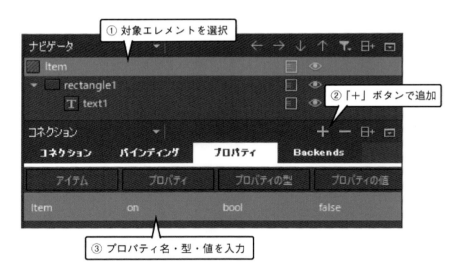

● 図 5.16　プロパティの値をリセット設定

続いて、コネクションで「プロパティ」タブを選択し、右上の「＋」ボタンをクリックすると新しい行が追加されるのでプロパティ名・型・値を入力する。

一番左のアイテムの列はナビゲーターに表示されているエレメントの名称で、ここでは変更できない（idプロパティが設定されていれば、その値が表示される）。

5.3.4 プロパティバインディングの設定

　QMLの最大の特徴であるプロパティバインディングの設定ももちろんできる。コネクションの「バインディング」タブで行う。

　図5.17は、colorIndicator1とbutton1のプロパティを2つバインディングした結果だ。colorIndicator1のvisibleプロパティとonプロパティをそれぞれcheckableプロパティとcheckedプロパティにバインディングさせている。これで、ボタンがチェック可能状態のときだけインジケーターが表示され、かつボタンのチェック状態に合わせてインジケーターがON/OFF（色が変化）する。

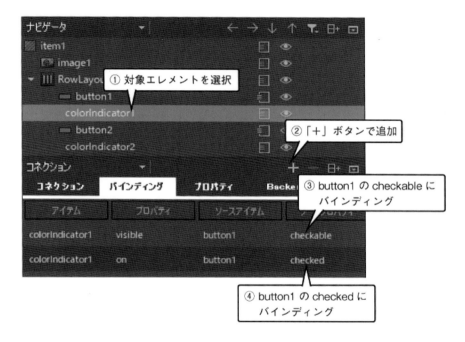

● 図5.17　プロパティバインディングの設定（例）

　追加するときは、右上の「＋」ボタンを使用する。また、プロパティやアイテムの候補を図5.18のようにコンボボックスから選択できるし、コンボボックスを使用せずに直接入力すれば補完機能も働く。

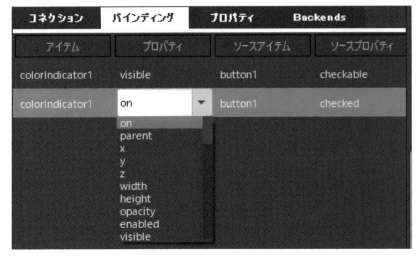

● 図 5.18　プロパティバインディング設定時の候補表示

なお、プロパティバインディングが設定されていると、プロパティエリアで通常「丸」のところが「歯車」に変化する。クリックしたときの動作は変わらない。

● 図 5.19　プロパティバインディングが設定されたプロパティの表示

また、この「歯車」をクリックしたときに表示されるメニューの「Set Binding」を選択しても、プロパティバインディングの設定ができる。ただし、こちらはコード補完の支援はあるものの、JavaScript コードを編集するモードとなる。QML ファイルを直接編集しているときと同じイメージだ。

5.3.5　状態管理

Qt Quick では状態管理の仕組みがあり、定義した状態ごとにプロパティの値を変更できる。しかも、それを視覚的に見て編集できるのだ。

図 5.20 は、チェック可能にしたボタンに連動して ON/OFF を表示するインジケーターの編集画面だ。画面下部の状態一覧に初期状態（最左）とそれ以外が表示される。サンプルでは ON/OFF の 2 つが並ぶ。このように 1 つの QML ファイルで、OFF と表示するときと ON と表示するときをわかりやすく管理できる。

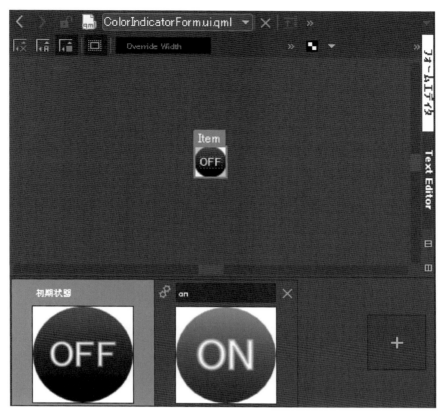

● 図5.20 Qt Quickデザイナーで状態管理

なお、この状態一覧は初期状態では折りたたまれて名前しか表示されていないため、右クリックで表示されるコンテキストメニュー（展開・折りたたむが選択可能）で表示モードを切り替える。

第5章 Qt Quickアラカルト

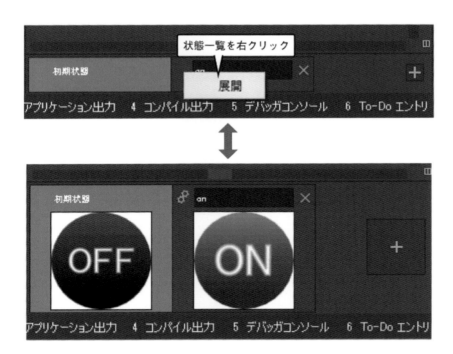

● 図 5.21 状態一覧の表示モード変更

5.3.5.1 状態の追加方法

状態を追加するときは以下の手順を踏む。

1. 新しい状態を追加
2. 状態に名前を設定
3. いつその状態に切り替えるか設定
4. その状態でのデザインに変更

まず、状態一覧の右端にある「＋」ボタンで新しい状態を追加する。そして、追加されたマスの上部にあるテキストボックスに状態の名前を入力する。

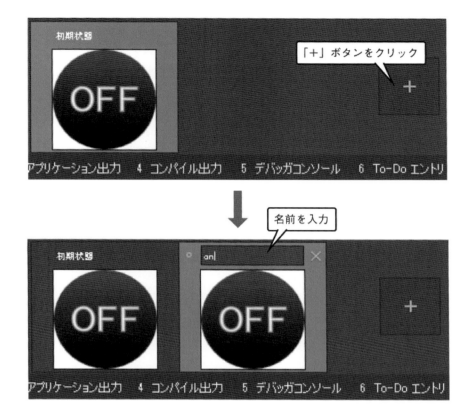

● 図5.22 状態の追加と名前変更

続いて、いつ追加した状態に切り替わるかを設定する（図5.23）。名前を入力した左に〇印があり、クリックすると「Set when Condition」がコンテキストメニューで選択可能となる。

条件を入力したら右下のチェックマークをクリックして確定する。今回はあらかじめルートのItemエレメントにonプロパティを追加しておく（図5.23の左側）。

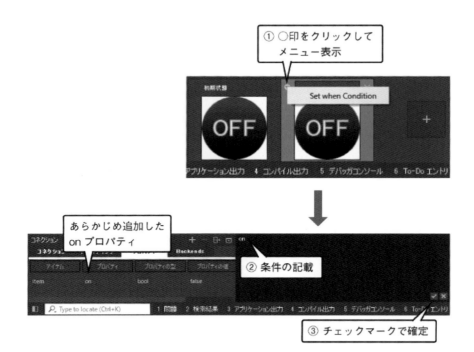

● 図 5.23　状態の条件入力

最後に Label エレメントの text プロパティと Rectangle エレメントの背景色を変更して完了だ。プロパティの修正は追加した状態を選択した状態で実施すること。意図どおりに変更できていれば、状態一覧のそれぞれの見た目が変化する。

● 図 5.24　状態の追加完了

5.3.6　ロジック側との連携（双方向）

　Qt Quick デザイナーで一生懸命デザインだけしても、アプリケーションとしては成立しない。ある程度の動きは作れるものの、基本的には張りぼて状態だ。そのため、ロジック側とデザイン側をつなげて、ユーザーの操作をロジック側へ伝えたり、ロジック側の処理結果をデザイン側へ伝えたりする必要がある。そこで、デザイン側で定義されているエレメントのエイリアスを

作成して対応する。Qt Quick デザイナーでは、エイリアスを作成している状態を「エクスポートしている」と表現する。

サンプルでは、リスト 5.5 [1] のように main.qml から「button1」という id で ContentsForm.ui.qml 内部のエレメントへアクセスしている。

これにより、ロジック側のメニューのチェック状態をデザイン側へ反映させることと、デザイン側のボタンのシグナルをロジック側へ伝える双方向のやりとりが可能となる。

```
Contents {
  anchors.fill: parent
  //メニューのチェック状態でモード切り替え [1]
  button1.checkable: menuButtonCheckable.checked
  button1.onClicked: {
    //通常ボタンのときだけダイアログ表示
    if(!button1.checkable)
      messageDialog.show(qsTr("Button 1 pressed"))
  }
}
```

エレメントのエクスポートは、図 5.25 の矢印で示した四角形に横線が引かれたマーク（目玉の左）をクリックして「エクスポートする/しない」を選択できる。

● 図 5.25　エレメントをエクスポート

ボタンのようにシグナルハンドラを記述したいときは、別の手法もある。ナビゲーターかキャンバスで目的のエレメントを右クリックし「Go To Implementation」を選択すると、画面はソースコード（Contents.qml）に移動して図 5.26 の「シグナルハンドラの実装」ダイアログが表示される。左側の「シグナル」コンボボックスは、右側のラジオボタンで選んだ内容に応じて絞り込まれた状態で表示されるため、シグナルを選択しやすくなっている。ダイアログにも表示されているとおり、あらかじめエレメントのエクスポート操作は必要ない。

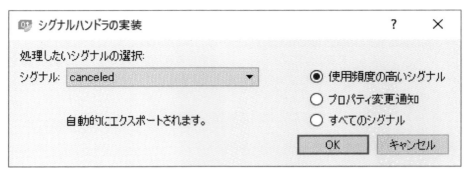

● 図 5.26　シグナルハンドラの実装ダイアログ

　エレメントのエクスポート以外にもプロパティ単位でのエクスポートも可能だ。操作方法は、各プロパティの設定項目のメニュー（図5.27の○印）で「Export Property as Alias」を選択する。

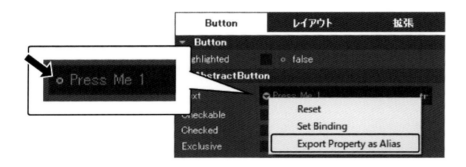

● 図 5.27　プロパティの値をリセット設定

5.3.7　拡張エレメントの追加と扱い

　拡張エレメントも、デザインとロジックを分離した形で作成できる。新規ファイル作成用のウィザードも用意されており、図5.28のように「Qt Quick UIファイル」を選択する。

5.3 Qt Quickデザイナーでデザイン

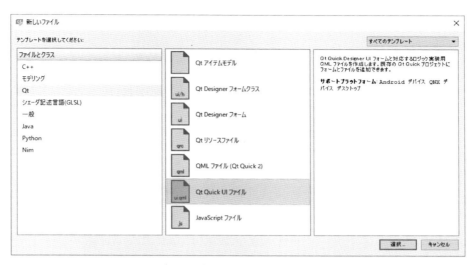

● 図 5.28 ロジックとデザインを分離した新規エレメントの追加

　ウィザード（図 5.29）では、クラスの定義としてエレメント名を入力する。上段の「コンポーネント名」を入力すると、「コンポーネントフォーム名」が命名ルールに乗っ取った形で自動入力される。

　ここでは、エレメントの機能ごとにフォルダ分けする状況を想定して、デフォルトで入力されているプロジェクトフォルダではなく、プロジェクトフォルダに「Parts」というフォルダを作成して対象にする。

　　コンポーネント名： ColorIndicator
　　コンポーネントフォーム名： ColorIndicatorForm
　　パス： <src>/QtQuickDesignerExample/Parts

123

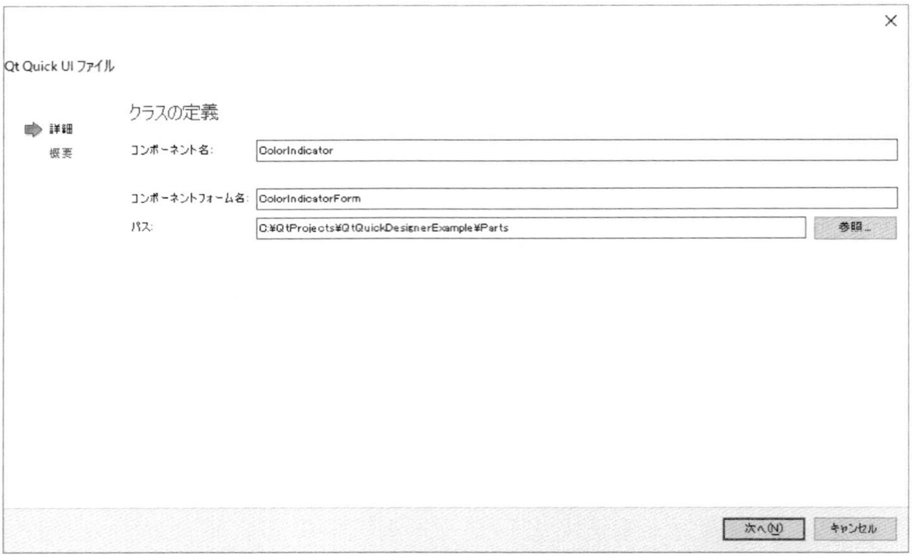

第5章　Qt Quickアラカルト

● 図5.29　ロジックとデザインを分離した新規エレメントの名称入力

　次へ進んで完了しても、図5.30のように、新しく追加したエレメントはエレメント一覧に表示
されない。

● 図5.30　エレメント一覧に追加されたエレメント

　追加したQMLファイルがmain.qmlと同じフォルダに保存されていれば、すぐにエレメント一
覧に表示される。しかし、サンプルでは「Parts」というフォルダにQMLファイルを作成したた
め、そのフォルダをインポートしなければならない。インポートするための操作をQt Quickデ
ザイナー上でできれば良いのだが、現状はできないため、以下のようにコードを直接編集する。

124

● リスト 5.6　MainForm.ui.qml の編集

```
import QtQuick 2.10
import QtQuick.Controls 2.3
import QtQuick.Layouts 1.3
import "Parts"                    //追加

Item {

…略
```

編集を完了して、Qt Quick デザイナーの画面へ戻ると「ColorIndicator」と「ColorIndicator Form」が追加され、使用可能になる。

ちなみに、その他のモジュール（例えば QtQuick.Extras など）のエレメントを使用したいときも同様だが、それらは一覧から選択が可能だ。図 5.31 のようにライブラリの「インポート」タブで「インポートを追加」をクリックすると、追加可能なモジュールが表示される。

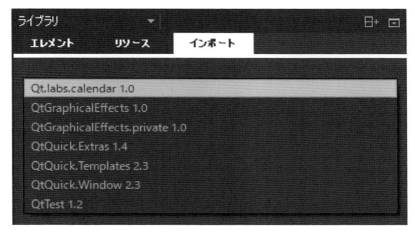

● 図 5.31　モジュールの追加

5.3.8　エレメントの仮のサイズ

サイズが親に依存するようなエレメントをデザインしているときは、width/height プロパティに具体的な値を指定しないことがある。そのような状況ではエレメントが見えなくなって Qt Quick デザイナー上での編集が困難になるため、編集中のみ有効になる仮のサイズをキャンバスの上部にあるテキストボックス（図 5.32）で指定できる。

● 図 5.32　エレメントの仮サイズ

5.3.9 画像ファイル（リソース）の扱い

リソースに追加された画像ファイルなどは、図5.33のようにライブラリの「リソース」タブに表示される。

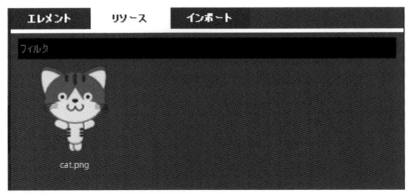

● 図5.33 リソースに追加された画像

ここに追加された画像ファイルは、キャンバスへ直接Imageエレメントとしてドラッグ＆ドロップで追加できる。

5.3.10 レイアウト

エレメントのレイアウトはキャンバス上でぐりぐり行う。キャンバスがまっさらな状態から始めるときは、以下の手順で行うと作りやすい。

1. 必要なエレメントをざっくり並べる（吸着機能などがあるので、ある程度綺麗に並べられる）
2. レイアウトを指定（グリッド状や縦・横に並べるなど）
3. レイアウトを指定したエレメント群全体のレイアウトを指定（ウインドウに対しての位置調整）
4. 微調整

この流れを踏まえてポイントを解説する。

まず、必要なエレメントをざっくり並べた後のレイアウトの指定についてだ。

例えばサンプルのようにボタンを2つ横に並べる場合は、配置したボタンを2つ選択し、右クリックする。そして、コンテキストメニューの「Layout」→「Layout in RowLayout」を選択する（図5.34）。

5.3 Qt Quickデザイナーでデザイン

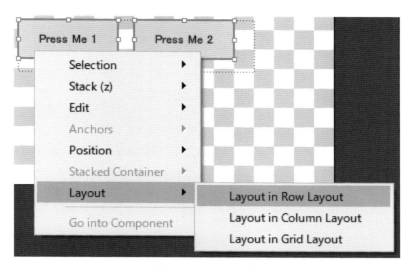

● 図5.34 レイアウトの指定

　すると、ボタンエレメントがRowLayoutエレメントの子供になる。ナビゲーターでは、図5.35のように変化する。

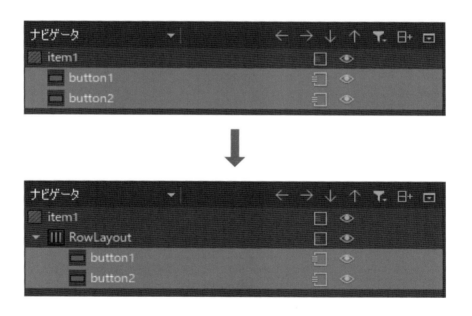

● 図5.35 ナビゲーターでの変化

　以上のようにレイアウトを指定したエレメント群の配置や微調整をするときにプロパティの「レイアウト」タブを使用するのだが、このタブの内容は状況によって変化する。レイアウトを設定したいエレメントが、レイアウト系エレメント（RowLayoutエレメントなど）の子供になっているかどうかで、以下の2種類が存在する。

- Layoutエレメントを使用するパターン（「5.1 レイアウト」で解説）（図5.36左）
- 従来のアンカーを用いるパターン（図5.36右）

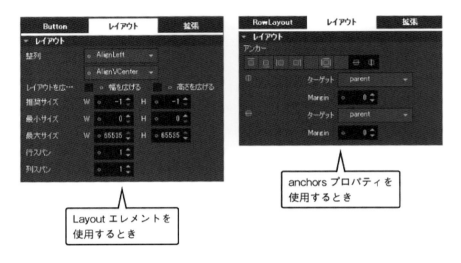

● 図5.36 レイアウトタブの内容

　デザインの初期作成時は、解説した流れで問題ないのだが、既にできあがったところへエレメントを追加しようとすると、なかなか位置を決められないときがある。その場合は、エレメントをキャンバスにドラッグ＆ドロップするのではなく、ナビゲーターへドラッグ＆ドロップしてから親子兄弟関係を調整すると、エレメントの追加がやりやすい。ナビゲーターの上部に配置されている矢印ボタン（図5.37）で親子兄弟関係を変更できる。

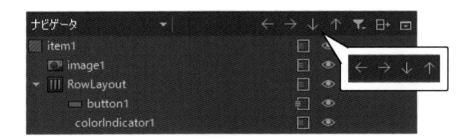

● 図5.37 ナビゲーターのエレメント位置調節ボタン

第 **6** 章

配布パッケージの作成

本書では動的リンクで Qt を使用することを前提としているため、ビルドした実行ファイルだけでは配布できない。アプリケーションの配布に必要な Qt ライブラリなどを集める方法を解説する。

第6章　配布パッケージの作成

　アプリケーションを作成した後は、もちろん配布となる。どのようなルートや形態で配布するかは状況次第だが、配布先で実行できる形としてパッケージングする必要がある。LGPL版を使用していると、Qtのライブラリは動的にリンクするケースが多いだろう。その場合、パッケージには実行ファイルとQtのライブラリを同梱する形になる（iOSはLGPL版でも必ず静的リンクになる）。しかし、必要なことはQtのツールが処理してくれるため、作業的な意味で意識することは特にない。

　当初、これらの同梱するQtのライブラリファイルはプラットフォームによって異なり、集めてくるのが非常に面倒だった。しかし、Qt 5.2からWindowsとmacOS[注1]では表6.1のツールが用意され、非常に簡単になった。

●表6.1　配布パッケージ作成ツール

プラットフォーム	ツール名
Windows	windeployqt.exe
macOS	macdeployqt

　どのあたりが面倒だったかと言うと、Qtのライブラリには実行中に読み込まれるファイルがあり、開発環境から実行して確認する必要があった。なぜ実行して確かめる必要があったかと言うと、どの機能を使用するとどのライブラリが必要になるかの明確な資料がないためだ。WindowsではWinDbg[注2]を使用したり、macOSではビルド時の環境変数に「DYLD_PRINT_LIBRARIES=1」を追加してデバッグ出力を確認したりした。また、見つけたライブラリを実行ファイルに対してどの位置に配置するべきなのかも明確な資料がないために、Qtのバージョンを変更したらアプリケーションが起動できずに頭を悩ますということもあった。

　各プラットフォームの説明の前に全体的な注意点を2つだけ挙げておく。

- ツール類は、アプリケーションをビルドしたQtに同梱されているものを使用（正しいライブラリが集められない）
- Qtのインストールディレクトリにないサードパーティ製のライブラリは別途収集

6.1　Windowsでは

　「windeployqt.exe」を使用する。一番簡単な使用方法としては以下のとおりだ。

```
>windeployqt --qmldir <QMLファイルの保存フォルダ> <実行ファイル>
```

　これでバイナリファイルと同じフォルダに必要なQtのライブラリファイルがコピーされる。また、ビルドに使ったフォルダで実行してしまうと中間ファイルと混ざってしまい煩雑になるた

注1) macOSでは以前から本章で紹介するツールが存在していたが、Qt Quick向けのアプリケーションには正直まともに使える状況ではなかった。

注2) WinDbgは、「Windows 10用Windowsソフトウェア開発キット（SDK）」に同梱されているデバッグ用のツールだ。具体的な使用方法はネットの各所にあるため、検索してみてほしい。

め、別のフォルダにコピーするとよいだろう。ただし、ライブラリを別フォルダにコピーしても実行ファイルはコピーされないため、別途コピーする必要がある。そのあたりを考慮すると、以下のようにコマンドを実行する。パラメータの詳細は、表6.2を参照してほしい。

```
>windeployqt --dir <出力フォルダ> ^
 --qmldir <QMLファイルの保存フォルダ> <実行ファイル>
>copy <実行ファイル> <出力フォルダ>
```

●表6.2 windeployqt.exe のパラメータ

パラメータ	説明
-?, -h, --help	ヘルプを表示
-v, --version	バージョンを表示 （バイナリファイルが指定されていない旨のエラーとともにヘルプが表示される。バージョン情報も含まれるが実質機能していない）
--dir <directory>	実行ファイルがこのディレクトリにあるものとして作業 （ライブラリのコピー先の指定）
--libdir <path>	ライブラリのコピー先を指定 Qt5Core.dll など
--plugindir <path>	プラグインのコピー先を指定 imageformats￥qjpeg.dll など
--debug	デバッグ版のライブラリをコピー --release との同時指定不可
--release	リリース版のライブラリをコピー --debug との同時指定不可
--pdb	pdb ファイルもコピー デバッグビルド時のみ
--force	ファイルを強制的に更新
--dry-run	テストモード 実際にファイルはコピーされない
--no-patchqt	Qt5Core にパッチをあてない
--no-plugins	プラグインのコピーをスキップ imageformats￥qjpeg.dll など
--no-libraries	ライブラリのコピーをスキップ Qt5Core.dll など
--qmldir <directory>	QML ファイルの import 文を解析するフォルダの指定 サブフォルダも再帰的に調べる
--no-quick-import	QML ファイルの import 文で指定されたプラグインのコピーをスキップ
--no-translations	翻訳ファイル（*.qm）のコピーをスキップ
--no-system-d3d-compiler	D3D コンパイラ（D3Dcompiler_47.dll）のコピーをスキップ
--compiler-runtime	コンパイラ依存のライブラリをコピー Visual Studio 2015 なら ・vcredist_x86.exe ・vcredist_x64.exe MinGW なら ・libgcc_s_dw2-1.dll ・libstdc++-6.dll ・libwinpthread-1.dll
--no-compiler-runtime	コンパイラ依存のライブラリをスキップ
--webkit2	Webkit2 をコピー
--no-webkit2	Webkit2 のコピーをスキップ
--json	デプロイ結果を JSON 形式で出力
--angle	ANGLE を必ずコピー ・libEGLd.dll ・libGLESV2d.dll
--no-angle	ANGLE のコピーをスキップ

パラメータ	説明
--no-opengl-sw	OpenGL のコピーをスキップ ・opengl32sw.dll
--list \<option\>	コピーしたファイル名を表示 オプションに指定できる項目は以下のとおり ・source: コピー元の絶対パス ・target: コピー先の絶対パス（実際には相対パス） ・relative: ターゲットパスからの相対パス（target との違いが不明） ・mapping: コピー元と先を対応付けた出力（JSON 形式に近い情報量）
--verbose \<level\>	デプロイ結果の出力の詳細度 0：非表示（警告・エラーのみ） 1：通常（対象ファイル名と状況表示） 2：詳細（通常＋対象ファイルのフルパスなど）

　最後に、Visual Studio の場合は表6.3のコンパイラに依存して必要なライブラリをコピーする。

　ただし、「Visual C++ 再頒布可能パッケージ」をユーザーにインストールしてもらえるのであれば、以下のファイルの追加は不要だ。

●表 6.3　コンパイラに依存して必要なライブラリ

コンパイラ	ファイル名
Visual Studio 2013（Visual C++）	msvcp120.dll msvcr120.dll
Visual Studio 2015（Visual C++）	msvcp140.dll vcruntime140.dll
Visual Studio 2017（Visual C++）	msvcp140.dll vcruntime140.dll

　表6.3のライブラリは以下のフォルダで入手可能だ。

- **Visual Studio 2013（Visual C++）**
  - 32bit 用　C:￥Program Files (x86)￥Microsoft Visual Studio 12.0￥VC￥redist￥x86￥Microsoft.VC120.CRT
  - 64bit 用　C:￥Program Files (x86)￥Microsoft Visual Studio 12.0￥VC￥redist￥x64￥Microsoft.VC120.CRT
- **Visual Studio 2015（Visual C++）**
  - 32bit 用　C:￥Program Files (x86)￥Microsoft Visual Studio 14.0￥VC￥redist￥x86￥Microsoft.VC140.CRT
  - 64bit 用　C:￥Program Files (x86)￥Microsoft Visual Studio 14.0￥VC￥redist￥x64￥Microsoft.VC140.CRT
- **Visual Studio 2017（Visual C++）**
  - 64bit 用　C:￥Program Files (x86)￥Microsoft Visual Studio￥2017￥Community￥VC￥Redist￥MSVC￥14.11.25325￥x64￥Microsoft.VC141.CRT

6.1.1 Windows7に配布するには

　Visual Studio 2015からCランタイムライブラリの構成が変更されたため、アプリケーションの配布先にWindows 7も含めるのであれば、以下のフォルダに保存されているライブラリがすべて必要となる。

　こちらも「Visual C++ 再頒布可能パッケージ」をユーザーにインストールしてもらえるのであれば、ライブラリの追加は不要だ。

- **Visual Studio 2015/2017（Visual C++）**
  - 32bit用　C：￥Program Files (x86)￥Windows Kits￥10￥Redist￥ucrt￥DLLs￥x86
  - 64bit用　C：￥Program Files (x86)￥Windows Kits￥10￥Redist￥ucrt￥DLLs￥x64

6.2　Linuxでは

　お気づきのことと思うが、今のところ便利なツールはない。そのため、lddコマンドや実行時にコンソールに出力されるメッセージを頼りに必要なライブラリを探す。

6.3　macOSでは

　「macdeployqt」を使用する。基本的な使用方法としては以下のとおりだ。

```
$ macdeployqt <アプリ名.app> -qmldir=<QMLファイルの保存フォルダ>
```

　macOSは基本的にこれだけで配布用のパッケージができあがる。コマンド使用時の注意点としては、アプリケーションのファイル名をパラメータの最初に指定する必要がある。

　さらにdmgファイルにしたい場合は、以下のように-dmgを追加する。その他のパラメータなど詳細は表6.4を参照してほしい。

```
$ macdeployqt <アプリ名.app> -dmg -qmldir=<QMLファイルの保存フォルダ>
```

●表6.4　macdeployqtのパラメータ

パラメータ	説明
-verbose=<0-3>	デプロイ結果の出力の詳細度 0：非表示 1：警告・エラーのみ（デフォルト） 2：通常（対象ファイル名と状況表示） 3：詳細（通常＋対象ファイルのフルパスなど）
-no-plugins	プラグインのコピーをスキップ
-dmg	dmgディスクイメージを作成
-no-strip	バイナリファイルのシンボルテーブルの削除をしない（stripコマンドを使用しない）
-use-debug-libs	デバッグ版のライブラリをコピー

第6章　配布パッケージの作成

パラメータ	説明
-executable=<path>	指定した実行ファイル・ライブラリファイルが依存しているライブラリもコピー
-qmldir=<path>	QML ファイルの import 文を解析するフォルダの指定 サブフォルダも再帰的に調べる
-always-overwrite	常に上書きコピーする
-codesign=<ident>	証明書を指定するとすべての実行可能ファイルにサインをする（AppStore に登録するための処理と思われるが、筆者は開発者登録をしていないため確認できず）
-appstore-compliant	AppStore に準拠するようにプライベート API を使用するライブラリをスキップする

6.4　Androidでは

　Android 向けのアプリケーションをデプロイする方法について解説するが、実質的に Android の配布パッケージである apk ファイルの作成方法となる。

　配布パッケージ（apk ファイル）の作成には、「androiddeployqt」を使用する。使用例は以下のとおりだ。

```
>androiddeployqt.exe ^
 --input .\android-libHelloWorld.so-deployment-settings.json ^
 --output .\android-build --deployment bundled --gradle ^
 --android-platform android-24 ^
 --jdk "C:/Program Files/Java/jdk1.8.0_151" ^
 --sign ..\HelloWorld\helloworld.keystore helloqt ^
 --storepass STOREPASS --keypass KEYPASS ^
 --reinstall --device DEVICE_ID
```

　各パラメータの詳細を、表6.5にまとめた。

●表 6.5　androiddeployqt のパラメータ

パラメータ	説明
--input <JSON_FILE>	ビルド（make）時に作成された JSON ファイルを指定 例：android-libHelloWorld.so-deployment-settings.json
--output <OUTPUT_PATH>	出力先のフォルダを指定 例：./android-build
--deployment <mechanism>	Qt ライブラリの扱いを指定 bundled（デフォルト）：Qt ライブラリを apk に同梱して単独で使用できるようにする。apk ファイルのサイズは大きめ ministro：Qt ライブラリを apk に同梱せず別アプリケーションの Ministro [注3] で管理するライブラリを使用する。apk ファイルのサイズは小さめ debug：デバイスに Ministro とは別に Qt ライブラリをコピーする。apk ファイルのサイズは小さめ
--gradle	apk の作成に gradle を使用
--install	アプリケーションをデバイスやエミュレータへインストール 既にインストールされているときは、先にアンインストールが実行される
--reinstall	apk ファイルをデバイスへ転送するか 既にインストールされているときは、上書きインストールされアプリケーションのデータは残る
--android-platform <PLATFORM>	Android の SDK レベルを指定 例：android-19
--jdk <JDK_PATH>	JDK のパスを指定 Windows の例：C:¥Program Files¥Java¥jdk1.8.0_77 Linux の例：/usr/lib/jvm/java-7-openjdk-amd64

6.4 Androidでは

パラメータ	説明
--device [DEVICE_ID]	apkファイルをインストールするデバイスを指定 adbコマンドで確認する 例：`>adb devices`
--release	リリース用にビルドするか 署名の設定をしないとデバッグ用のキーで署名される
--sign <KEYSTORE FILE>	apkファイルの署名に使用するファイルを指定
--sign <STORE FILE> <ALIAS>	署名ファイルのパスとエイリアスを指定 例：`./helloworld.keystore helloqt`
--storepass <STOREPASS>	署名するときにキーストアのパスワードを指定
--keypass <KEYPASS>	署名するときに証明書のパスワードを指定

　基本的にQt Creatorが実行してくれるコマンドのため、手動で実行することは通常はないだろう。ただ、Qt Creatorで作業をしていると、どのタイミングで何が起きているのか少しわかりにくいため、図6.1にまとめた。

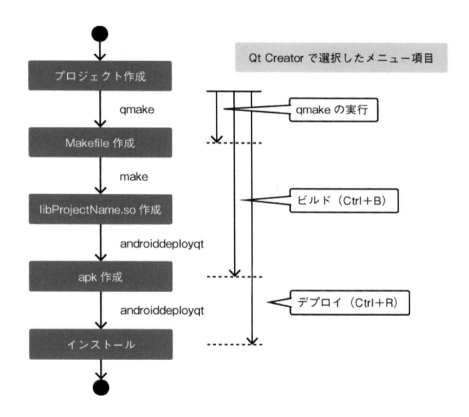

● 図6.1　Qt Creatorでの操作と処理の進み具合

注3) Ministroとは、ファイルサイズの大きいQtライブラリをひとまとめにして管理してくれるAndroid用のアプリケーションだ。Qtライブラリの中で必要になったものを都度ダウンロードしてくれる。端末のストレージが小さい頃に用意された仕組みだが、今となっては使うことはないかもしれない。
https://play.google.com/store/apps/details?id=org.kde.necessitas.ministro&hl=ja

Qtに慣れていると、Qt Creatorで「ビルド」を選択したときは「makeコマンドまで進むのでは？」と思うかもしれない。しかし実際には、androiddeployqtまでが実行されている。デプロイのときとの差は、デバイスへインストールするための実行時引数が指定されているかいないかだ。

6.4.1　Android APK ビルド設定

Android固有の設定はQt Creatorを使用して行う。設定画面は、「プロジェクト（画面左側）」→「Android用キット」→「ビルド」→「Android APKのビルド」とたどり、右端の「詳細」をクリックして設定項目を展開する（図6.2）。

● 図 6.2　Android のデプロイ設定画面

この画面で行う設定は表6.6のとおりだ。

●表6.6　デプロイ構成での設定項目

分類	項目	説明
アプリケーション	Android SDK	apkファイルを作成するときに使用するAndroid SDKを選択（AndroidManifest.xmlで指定するターゲットSDKとは別） 例： ・android-26 Ver 8.0(Oreo) ・android-24 Ver 7.0(Nougat) ・android-23 Ver 6.0(Marshmallow) ・android-21 Ver 5.0(Lollipop) ・android-19 Ver 4.4(Kitkat)
パッケージに署名する	キーストア	署名用のキーストアファイルを指定 右の作成ボタンで新規作成が可能
	パッケージに署名する	チェックをOnするとデプロイ時に署名がされ、Google Playに登録できるようになる
	署名エイリアス	キーストアに設定された署名エイリアスが表示される
Qtのデプロイ	Qtのインストールに Ministro サービスを使用する	デバイスにMinistroとは別にQtライブラリをコピー apkファイルのサイズは小さめ
	APKにQtライブラリをバンドルする	Qtライブラリをapkに同梱して単独で使用できるようにする（デフォルト） apkファイルのサイズは大きめ
	ローカルのQtライブラリを一時ディレクトリに配置する	Qtライブラリをapkに同梱せず別アプリケーションのMinistroで管理するライブラリを使用する apkファイルのサイズは小さめ

分類	項目	説明
高度なアクション	Use Gradle	apk の作成に Gradle を使用するか ant を使用する方法は廃止になるため変更不可
	ビルド後にパッケージのパスを開く	いわゆるビルドではなく、実行して apk ファイルが作成されたときにファイルのあるフォルダを開く
	詳細出力	実行時に詳細な情報を出力
	Add debug server	デバッグサーバーを追加 変更不可で署名をすると強制 OFF
Android	テンプレートの作成	AndroidManifest.xml を作成する（作成方法は後述）
追加ライブラリ	-	サードパーティ製などのライブラリを追加

6.4.2 キーストア（証明書）の作成方法

　デプロイ構成画面のキーストアの作成ボタンを押すと、図6.3のダイアログが表示される。ここに必要事項を記入して保存ボタンを押すと、保存先とファイル名の入力を求められるため、任意の場所に保存する。保存先を確定するとパスワードの確認がされるので、入力して作成完了だ。

　正常にキーストアが作成できると、デプロイ構成画面にファイルのパスと署名エイリアスが表示される。

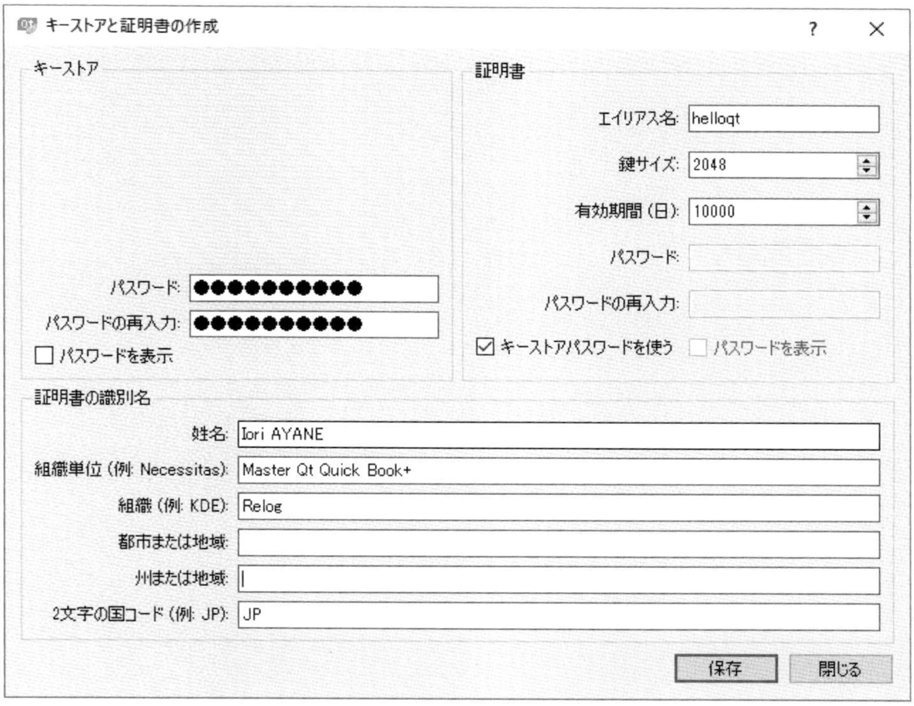

● 図6.3　キーストアの作成ダイアログ

6.4.3 AndroidManifest.xml の作成方法

続いて、Androidアプリケーションとして必要な詳細設定ができるようにAndroidManifest.xmlを作成する。このとき、AndroidManifest.xml以外にもAndroidアプリケーションに必要なファイルがテンプレートとしてコピーされる。

まず、「Android APK のビルド」にある「テンプレートの作成」ボタンからひな形を作成する。このボタンを押すと「Androidテンプレートファイル作成ウィザード」が表示される（図6.4）。

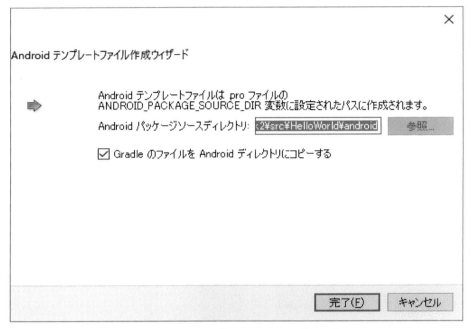

● 図 6.4　Android テンプレートファイル作成ウィザード

ウィザードでは、AndroidManifest.xmlなどAndroid向けに必要なファイルの一式を保存するフォルダを指定する。完了ボタンを押すと指定したフォルダに各種ファイルが作成され、次回のビルド（デプロイ）時に使用される。なお、プロジェクトにコピーされたファイルに不足があるときは、ビルドのたびにQtのフォルダにある元ファイルがコピーされる。

ウィザードを完了すると、図6.5のようにプロジェクトにAndroidManifest.xmlが「その他のファイル」の配下に追加されて編集画面が表示される。

6.4 Androidでは

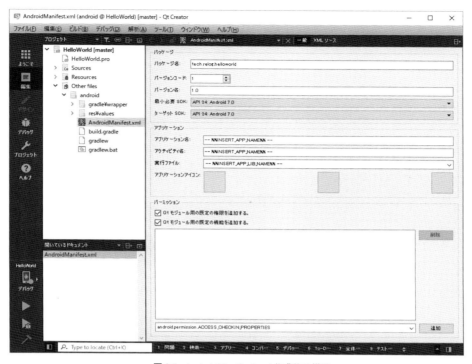

● 図6.5 AndroidManifest.xml 作成後の様子

第7章

エレメント一覧

本書で紹介できなかったエレメントも含めて Qt Quick Controls 1 と 2 およびレイアウト関連のエレメントを紹介する。バージョンによって利用可能なエレメントに差があるため比較できるようにした。

第7章 エレメント一覧

7.1 Qt Quick Controls 1と2のエレメント

Qt Quick Controls 1と2の各バージョンで利用できるエレメントの内容に差があるため、比較できるようにまとめた。

利用する場合は以下のモジュールをインポートする。

```
import QtQuick.Controls 2.3
```

また、Qtのバージョンとの対応は表7.1のとおりだ。

●表7.1 QtとQt Quick Controlsのバージョンの対応

バージョン	Qt 5.10	Qt 5.9	Qt 5.8	Qt 5.7
Qt Quick Controls 2.3	○	-	-	-
Qt Quick Controls 2.2	○	○	-	-
Qt Quick Controls 2.1	○	○	○	-
Qt Quick Controls 2.0	○	○	○	○
Qt Quick Controls 1.6	○	○	○	○

7.1.1 ウインドウ関連

ウインドウ作成に関連するエレメントの比較だ。

●表7.2 Qt Quick Controls 1と2のエレメント比較（ウインドウ）

名称	2.3	2.2	2.1	2.0	1.6	説明
Action	○	-	-	-	○	メニューやボタンなどにバインドできるユーザーアクション（ショートカットとそのアクション）などを定義
ActionGroup	○	-	-	-	-	Actionのグループ化
Application Window	○	○	○	○	○	アプリケーションの一番親になるウインドウや子のウインドウを作成
Menu	○	○	○	○	○	メニューバーやコンテキストメニューなどのポップアップメニューを提供
MenuBar	○	-	-	-	○	ウインドウにメニューバーを追加
MenuBarItem	○	-	-	-	-	メニューバー内にドロップダウンメニューを追加
MenuItem	○	○	○	○	○	メニュー項目 MenuエレメントかMenuBarエレメントで使用
MenuSeparator	○	○	○	-	○	メニュー内の区切り線
Popup	○	○	○	○	-	ポップアップのようなコントロールの基本
StatusBar	-	-	-	-	○	ウインドウにステータスバーを追加
ToolBar	○	○	○	○	○	ウインドウにツールボタンを表示するバーを追加
ToolButton	○	○	○	○	○	ツールバーで使用するボタン
ToolSeparator	○	○	○	-	-	ツールバー向けの区切り線

7.1.2 コントロール関連

ボタンなど Qt Quick Controls のメインとなるエレメントの比較だ。

●表7.3 Qt Quick Controls 1 と 2 のエレメント比較（コントロール）

名称	2.3	2.2	2.1	2.0	1.6	説明
AbstractButton	○	○	○	○	-	ボタンの基本型
BusyIndicator	○	○	○	○	○	処理中を示すくるくる回るマーク
Button	○	○	○	○	○	プッシュボタン
ButtonGroup	○	○	○	○	-	ラジオボタンのグループ化
CheckBox	○	○	○	○	○	チェックボックス（テキストラベル付き）
CheckDelegate	○	○	○	○	-	デリゲート向けチェックボックス
ComboBox	○	○	○	○	○	ドロップダウンリスト
Container	○	○	○	○	-	アイテムの動的な追加・削除を可能にする基本型
Control	○	○	○	○	-	ボタンなどの部品の基本型
DelayButton	○	○	-	-	-	長押しで ON 状態を確定させるボタン
Dial	○	○	○	○	-	回転させて値を設定する円形のつまみ
Drawer	○	○	○	○	-	スライドインするサイドバー
ExclusiveGroup	-	-	-	-	○	ラジオボタンなど checkable プロパティで制御できるコントロールをグルーピング
Frame	○	○	○	○	-	コントロールの論理グループ
GroupBox	○	○	○	○	○	コントロールをグルーピングする枠
ItemDelegate	○	○	○	○	-	デリゲート向けコントロールの基本
Label	○	○	○	○	○	テキストラベル
Page	○	○	○	○	-	ヘッダー・フッターを持ったページを構築できる
PageIndicator	○	○	○	○	-	○印で総ページ数に対して何番目のページにいるかを表示（SwipeView と併用しやすい）
Pane	○	○	○	○	-	アプリケーションのスタイルとテーマに合う背景色を提供
ProgressBar	○	○	○	○	○	プログレスバー
RadioButton	○	○	○	○	○	ラジオボタン（テキストラベル付き）
RadioDelegate	○	○	○	○	-	デリゲート向けラジオボタン（テキストラベル付き）
RangeSlider	○	○	○	○	-	範囲選択可能なスライダー
RoundButton	○	○	○	-	-	角丸にできるボタン（円も可）
Slider	○	○	○	○	○	スライダー（縦向き横向き共通）
SpinBox	○	○	○	○	○	スピンボックス
Switch	○	○	○	○	○	トグルスイッチ
SwitchDelegate	○	○	○	○	-	デリゲート向けトグルスイッチ
TextArea	○	○	○	○	○	複数行対応のテキスト入力領域
TextField	○	○	○	○	○	1行のみのテキスト入力領域
ToolTip	○	○	○	○	-	ツールチップを各種コントロールに追加
Tumbler	○	○	○	○	-	回転ドラムで値を選択するコントロール

第7章　エレメント一覧

7.1.3　ナビゲーションとビュー関連

スクロールバーやタブなど画面構成に使用するエレメントの比較だ。

●表7.4　Qt Quick Controls 1と2のエレメント比較（ナビゲーションとビュー）

名称	2.3	2.2	2.1	2.0	1.6	説明
ScrollBar	○	○	○	○	-	スクロールバー（操作可能）
ScrollIndicator	○	○	○	○	-	スクロールバー（操作不可、位置の表示のみ）
ScrollView	○	○	-	-	○	他のアイテムにスクロール機能を追加
SplitView	-	-	-	-	○	領域を分割するレイアウトを作成 区切りの位置はユーザー操作で移動可
Stack	-	-	-	-	○	StackViewに追加されたアイテムに特有のプロパティを提供
StackView	○	○	○	○	○	レイアウトをスタックの要領で積み重ねる
StackViewDelegate	-	-	-	-	○	StackViewのスタックの切り替わり時にアニメーションを設定
SwipeDelegate	○	○	○	○	-	デリゲート向けのスワイプアイテム
SwipeView	○	○	○	○	-	レイアウトをスワイプで移動可
Tab	-	-	-	-	○	TabViewの中にタブの実体を追加
TabBar	○	○	○	○	-	タブを使用した表示の切り替え機能を追加
TabButton	○	○	○	○	-	TabViewの中にタブの実体を追加
TableView	-	-	-	-	○	表を作成
TableViewColumn	-	-	-	-	○	表の列を表現
TabView	-	-	-	-	○	タブを使用した表示の切り替え機能を追加
TreeView	-	-	-	-	○	ツリー構造を表現（フォルダ構造など）

7.1.4　カレンダー関連

カレンダー関連のエレメントは、Controls 2から配置が変更となり、以下をインポートする必要がある。

```
import Qt.labs.calendar 1.0
```

●表7.5　Qt Quick Controls 1と2のエレメント比較（カレンダー）

名称	2.3	2.2	2.1	2.0	1.6	説明
Calendar	-	-	-	-	○	日付選択用のカレンダー
MonthGrid	○	○	○	○	-	カレンダーの1ヶ月分をグリッド表示
WeekNumberColumn	○	○	○	○	-	曜日の行を構成
DayOfWeekRow	○	○	○	○	-	週番号の列を構成

7.1.5 ダイアログ関連

各種ダイアログのエレメントの比較だ。

●表7.6　Qt Quick Controls 1と2のエレメント比較（ダイアログ）

名称	2.3	2.2	2.1	2.0	1.6	説明
Dialog	○	○	○	-	-	ダイアログ作成時の基礎ダイアログ
DialogButtonBox	○	○	○	-	-	ダイアログ向けボタンの基本セット（OK とキャンセルなど）
ColorDialog	-	-	-	-	○	色を選択するダイアログ
FileDialog	-	-	-	-	○	ローカルファイルシステムのファイルを選択するダイアログ
FontDialog	-	-	-	-	○	フォントを選択するダイアログ
MessageDialog	-	-	-	-	○	メッセージを表示して確認を求めるダイアログ
Popup	○	○	○	○	-	アプリケーションの領域内にポップアップ領域を表示
Overlay	○	-	-	-	-	Popup の領域外の定義変更 モーダル表示時に他の領域を暗くするなど

なお、別モジュールをインポートすればControls 1に依存しないダイアログが使用できる。

```
import Qt.labs.platform 1.0
```

●表7.7　Qt Quick Controls 2と合わせて使用するダイアログ系エレメント

名称	説明
ColorDialog	色を選択するダイアログ
FileDialog	ローカルファイルシステムのファイルを選択するダイアログ
FontDialog	フォントを選択するダイアログ
MessageDialog	メッセージを表示して確認を求めるダイアログ

7.2　レイアウトのエレメント一覧

レイアウトに関連するエレメントは表7.8のとおりだ。また、各エレメントを使用するには以下のモジュールをインポートする。

```
import QtQuick.Layouts 1.3
```

●表7.8　レイアウトのエレメント一覧

名称	説明
ColumnLayout	GridLayout エレメントと基本的に同じだが1列で構成
GridLayout	グリッド状にアイテムを整列
Layout	GridLayout、RowLayout、ColumnLayout などにレイアウトの追加設定を行う機能を提供
RowLayout	GridLayout エレメントと基本的に同じだが1行で構成
StackLayout	アイテムを重ねて常に1つだけを表示

著者プロフィール

折戸 孝行（おりと たかゆき）

H.N. 理音 伊織（あやね いおり）

　名古屋近郊でサラリーマンをするかたわら、Qt Quick の魅力をなんとか周りに伝えられないかと活動をしている。

　活動のひとつに執筆があり、ここ数年は Qt に関連する同人誌を毎年 1〜2 冊ペースで刊行している。他には Qt でアプリケーションを作成し、クロスプラットフォームの特性を活かして Windows/Linux/macOS で公開している。近年は自身の同人誌を電子書籍化するため、電子書籍作成ツール「LeME」を開発している。

　それらの活動が認められ 2015 年には The Qt Company が毎年コミュニティー活動で活躍した人に授与する称号である Qt Campions を受ける。

　ブログ：http://relog.xii.jp/

Qt Quickスターターブック

2018年3月15日　　初版第1刷発行（オンデマンド印刷版Ver. 1.0）

著　者　　折戸 孝行（おりと たかゆき）
発行人　　佐々木 幹夫
発行所　　株式会社 翔泳社（http://www.shoeisha.co.jp/）
印刷・製本　大日本印刷株式会社

©2018 Takayuki Orito

- 本書は著作権法上の保護を受けています。本書の一部または全部について(ソフトウェアおよびプログラムを含む)、株式会社翔泳社から文書による許諾を得ずに、いかなる方法においても無断で複写、複製することは禁じられています。
- 本書へのお問い合わせについては、2ページに記載の内容をお読みください。
- 落丁・乱丁本はお取り替えいたします。03-5362-3705までご連絡ください。

ISBN 978-4-7981-5662-0　　　　　　　　　　　　　　　Printed in Japan

制作協力 株式会社トップスタジオ（http://www.topstudio.co.jp/）　+ Vivliostyle Formatter